材料新技术书库

U0176628

膜蒸馏技术及其发展研究

李红宾／著

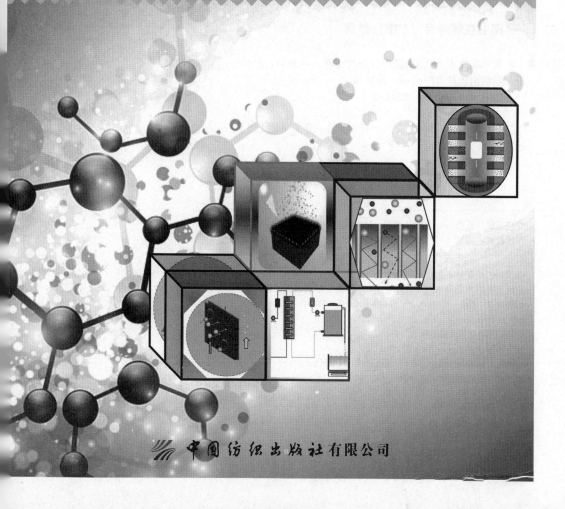

中国纺织出版社有限公司

内 容 提 要

本书从膜蒸馏用分离膜制备技术、分离膜改性技术、分离膜结构、膜蒸馏过程优化、膜蒸馏组合工艺及膜蒸馏应用等方面，对近年来膜蒸馏的发展研究进行总结，对膜蒸馏技术发展现状中存在的亟待突破的技术关键和问题进行分析，并对膜蒸馏技术的发展前景进行展望。

本书可作为高等院校膜分离技术、化工、材料及纺织等相关专业的教材，也可作为膜分离技术及相关领域科研人员的参考用书。

图书在版编目（CIP）数据

膜蒸馏技术及其发展研究/李红宾著. --北京：
中国纺织出版社有限公司，2021.4
ISBN 978-7-5180-8274-2

Ⅰ. ①膜… Ⅱ. ①李… Ⅲ. ①膜—分离—化工过程—研究 Ⅳ. ①TQ028.8

中国版本图书馆 CIP 数据核字（2020）第 250896 号

责任编辑：孔会云　　特约编辑：陈怡晓
责任校对：江思飞　　责任印制：何　建

中国纺织出版社有限公司出版发行
地址：北京市朝阳区百子湾东里 A407 号楼　邮政编码：100124
销售电话：010—67004422　传真：010—87155801
http://www.c-textilep.com
中国纺织出版社天猫旗舰店
官方微博 http://weibo.com/2119887771
三河市宏盛印务有限公司印刷　各地新华书店经销
2021 年 4 月第 1 版第 1 次印刷
开本：710×1000　1/16　印张：10.5
字数：171 千字　定价：88.00 元

前　言

膜分离兼有分离、浓缩和纯化等功能，是一种高效、节能的分子级分离技术，已广泛应用于化工、医药、食品、冶金以及各种水处理行业。作为一种新型的热驱动膜分离技术，膜蒸馏采用多孔疏水性分离膜作为物理隔绝，以膜两侧水蒸气压差作为推动力，实现物质的分离和纯化。相较于传统蒸馏及压力驱动膜分离技术，膜蒸馏操作需要的环境压力和温度更低，可在低温常压下进行操作，可充分利用工业余热、地热以及太阳能等能源为其提供热动力，理论上有100%的截留性能，产水水质好且可处理高浓度料液，分离性能不受渗透压限制，成为极具吸引力的膜分离技术。本书从膜蒸馏用分离膜制备技术、分离膜改性技术、分离膜结构、膜蒸馏过程优化、膜蒸馏组合工艺及膜蒸馏应用等方面对近年来膜蒸馏的发展进行总结，同时对膜蒸馏技术发展现状中存在的亟待突破的技术关键和问题进行分析，并对膜蒸馏技术的发展前景进行展望。

自1963年第一个有关膜蒸馏的专利出现以来，众多研究工作都是为了在保持或突显膜蒸馏技术优势的同时解决其存在的问题，如渗透通量低、膜润湿以及膜污染等。2010年后，膜蒸馏技术进入所谓的快速增长阶段（growth phase），在分离膜制备技术、改性技术，分离膜结构及膜蒸馏过程优化等方面都取得了快速发展和令人瞩目的成绩。这些基础方面的研究也促进了膜蒸馏与其他分离技术的组合工艺以及膜蒸馏技术的应用等研究领域的发展。

（1）膜蒸馏用分离膜制备技术。相较于其他类型膜分离过程用分离膜而言，膜蒸馏用分离膜最突出的特点是具有疏水特性且多孔。因此，在保证使用疏水性膜材料的基础上，传统多孔分离膜制备技术均可以用来制备膜蒸馏用分离膜，如非溶剂引发相分离工艺（NIPS）、热致相分离（TIPS）工艺、蒸发相分离（VIPS）工艺、熔融纺丝—冷却拉伸（MS—CS）工艺、烧结法等。纳米纤维膜适宜的孔径也使静电纺丝工艺能够应用于膜蒸馏用分离膜的制备中。此外，随着高分子加工成型技术的发展，新型分离膜制备技术也被开发出来并应用于膜蒸馏用分离膜的制备中，如CO_2超临界引发相分离、共混纺丝（coextrusion spinning）、冷压（cold pressing）和异形纺丝等。目前，传统膜蒸馏用分离膜制备技术的优化改进以及新型疏水性膜材料的开发和新型制膜技术的发展都取得了一定进展，这极大地丰富了膜蒸馏用疏水分离膜材料的种类并提高了其膜蒸馏性能。然而在疏水膜如何具备高的传质速率和热量传递阻力，纳米纤维膜本身的机械强度和热稳定性、新型疏水性膜材料的合成与开发及其成膜机理、微孔结构调控研究等方面还存在一些需要深入研究的问题。

（2）膜蒸馏用分离膜改性技术。为了获得膜蒸馏用超疏水分离膜，除了继续研制合成新型疏水性成膜材料外，对现有分离膜进行超疏水改性是获得疏水性分离膜的一种经济而有效的途径。此外，如何保持其膜蒸馏性能的稳定性并延长分离膜的使用寿命，是膜蒸馏用分离膜研究领域亟待解决的问题。基于表面疏水理论，改善膜蒸馏用分离膜的疏水性，可以在膜表面引入低表面能物质。膜表面低表面能物质的引入可以通过在成膜基质中引入疏水性增强物质，经物理共混对分离膜进行从表面到内部的整体疏水化改性，或采用表面化学改性技术（如化学接枝和物理辐照接枝）将疏水性增强物质或基团引入多孔分离膜表面，或经由各种涂层工艺（如浸涂、旋涂、化学气相沉积法等），完成分离膜的疏水化改性。目前，对分离膜的疏水化改性已经取得了显著进展，但疏水化改性的同时，应尽量减小对原有膜其他性能（如机械强度、化学稳定性、孔径以及传热特性等）的影响。疏水改性后分离膜疏水特性的持久性研究需进一步深入。

（3）膜蒸馏用分离膜结构。具有优异疏水特性的分离膜是膜蒸馏技术应用的关键。而分离膜疏水特性除了开发新型疏水膜材料、对分离膜疏水化改性外，分离膜本身的结构特征（如膜厚度、孔隙率、膜孔径和孔径分布、膜孔道弯曲度以及膜表面结构形貌等）对其疏水特性和膜蒸馏过程均有重要影响。此外，为了提高膜蒸馏用分离膜的渗透通量，加强其传热、传质过程，开发具有低导热性的分离膜成为解决途径之一。膜蒸馏用分离膜结构优化主要涉及膜结构参数优化，包括膜厚度、孔隙率、膜孔径和孔径分布、膜孔道弯曲度以及膜表面结构形貌等。低导热性分离膜的研究主要集中在 Janus 分离膜相关的工作方面。近年来，学者们在膜蒸馏用分离膜膜结构优化以及各种 Janus 分离膜的制备与性能研究方面取得了一定的成果，但仍然存在一些需要解决和探讨的问题：疏水分离膜表面微观结构与宏观形貌结构对膜蒸馏传热、传质过程的影响，膜蒸馏异形截面结构中空纤维膜的纺制及其对膜蒸馏过程的影响，静电纺织纳米纤维膜表面结构与膜污染间的相关关系以及 Janus 静电纺纳米纤维膜的制备等。

（4）膜蒸馏过程。作为一种热驱动的膜分离技术，膜蒸馏过程除了与疏水性分离膜密切相关外，膜组件结构形式以及热料液侧和渗透侧流体的流动状态都直接影响了膜蒸馏传热和传质过程的进行。另外，虽然膜蒸馏料液压力很小，但由于疏水膜一侧长期与热料液侧接触，也会产生膜污染的问题。近年来，膜蒸馏过程的研究主要包括膜组件优化及膜污染处理。其中，膜组件优化涉及膜长度、膜组件装填密度、膜排列方式优化、热料液侧优化、渗透侧优化等。膜污染处理主要集中在膜污染的减缓及膜污染物的去除两方面。大量关于膜蒸馏过程的研究工作取得了较好的成绩，但在吹扫式膜蒸馏过程研究（如操作条件优化、膜污染分析、能耗及经济分析等）、其他类型膜蒸馏过程用膜组件渗透侧的优化研究、静电纺纳米纤维膜膜蒸馏过程（可参考平板膜膜蒸馏过程相关研究方法和内容）、膜污染机理、新型膜组件开发等方面仍需进一步探索和研究。另外，目前大多数膜蒸馏过程研究都是基于实验室模拟规模，其在实际应用中可能出现的放大效应等问题需加强分析。

（5）膜蒸馏组合工艺。随着膜蒸馏技术的发展，将新型热源、传统分离技术及一些新型分离技术与之结合衍生出众多的膜蒸馏组合工艺。膜蒸馏技术除了利用传统工业废热外，也可以利用新型热源，如太阳能及地热进行驱动。膜蒸馏技术可以与传统分离技术，如结晶、催化、渗透、吸附、萃取以及精馏等相结合，也可以与一些新型分离技术，如正渗透、膜生物反应器以及加速沉淀软化等组合。这些组合工艺极大地突显了膜蒸馏技术的优势、扩展了膜蒸馏技术的应用领域。学者们做了大量关于膜蒸馏组合工艺参数优化的研究工作，但涉及组合工艺过程中的传热传质效率以及膜污染等问题的工作还较少。不同类型膜组件应用到同种膜蒸馏组合工艺中的性能比较研究也需要加强。需要指出的是，一些新型分离技术的发展也势必会扩展膜蒸馏组合工艺的种类和应用领域。

（6）膜蒸馏应用。随着膜蒸馏用分离膜疏水特性的提高、膜孔结构的优化以及膜蒸馏过程的研究深入，膜蒸馏技术由最初的模拟实验研究走向实际应用或模拟实际应用研究。除了海水、苦咸水淡化外，膜蒸馏技术在工业废水处理、热敏物质分离以及其他特种分离等领域也有广泛的应用研究。其中海水、苦咸水淡化仍然是膜蒸馏技术应用的重点领域，工业废水处理主要涉及印染废水、循环冷却水、天然气开采废水、放射性废水、含油/表面活性剂废水以及含重金属废水等的处理。热敏物质分离主要包括果汁浓缩和中药成分提取。此外，还有一些其他特殊领域分离的应用等。学者们通过各种工艺优化方式对膜蒸馏技术在诸多领域的应用展开了相关研究，证实了膜蒸馏技术具有极大的应用潜力以及发展前景。

目前，仍存在一些需要探讨和亟待解决的共性问题：除直接接触式膜蒸馏外的其他类型膜蒸馏技术的应用研究，涉及传热过程的能耗问题及其与运行参数的相互影响、膜蒸馏组合工艺的实际应用、实际应用中出现的膜污染问题，如膜污染机理、膜污染物减轻及其去除等。

　　膜蒸馏技术以其自身独特的技术优势取得了令人瞩目的发展，在膜蒸馏用分离膜制备、改性，膜过程、膜污染、组合工艺以及膜应用等诸多方面都有大量研究并取得了突破性进展。目前仍有众多学者在从事膜蒸馏相关领域的研究，证明膜蒸馏技术具有无可比拟的技术前景和应用潜力，也势必会极大地助推膜蒸馏技术的发展。相信未来将出现更多新型的分离膜及膜蒸馏过程，并成功应用在各种分离领域。

　　由于编者水平有限，编写中难免存在一些错误和不足之处，敬请广大读者批评指正。

李红宾

2020 年 10 月

目　录

第1章　绪论 ……………………………………………………………… 1

1.1　膜分离概述 ……………………………………………………… 1

1.2　膜蒸馏简介 ……………………………………………………… 1

1.3　膜蒸馏用分离膜 ………………………………………………… 3

1.4　膜蒸馏过程 ……………………………………………………… 3

1.5　膜蒸馏技术发展的关键问题 …………………………………… 4

第2章　膜蒸馏用分离膜制备技术研究 ……………………………… 6

2.1　膜蒸馏用分离膜构型 …………………………………………… 6

2.2　膜蒸馏用分离膜材料 …………………………………………… 8

　　2.2.1　膜蒸馏用平板膜材料 …………………………………… 8

　　2.2.2　膜蒸馏用中空纤维膜材料 ……………………………… 10

　　2.2.3　膜蒸馏用纳米纤维膜材料 ……………………………… 10

2.3　膜蒸馏用分离膜制备方法 ……………………………………… 12

　　2.3.1　非溶剂引发相分离法（NIPS） ………………………… 13

　　2.3.2　热致相分离法（TIPS） ………………………………… 17

　　2.3.3　蒸汽引发相分离法（VIPS） …………………………… 18

　　2.3.4　熔融纺丝—拉伸法（MS—CS） ……………………… 19

　　2.3.5　静电纺丝法 ……………………………………………… 20

　　2.3.6　烧结法 …………………………………………………… 22

2.4　新型膜蒸馏用分离膜制备方法 ………………………………… 25

　　2.4.1　新型膜蒸馏用平板膜制备方法 ………………………… 25

　　2.4.2　新型膜蒸馏中空纤维膜制备方法 ……………………… 26

2.5　本章结论 ………………………………………………………… 33

第3章　膜蒸馏用分离膜改性技术研究 ……………………………… 35

3.1　疏水化改性 ……………………………………………………… 35

3.1.1 共混 ……………………………………………… 37

3.1.2 表面化学接枝 …………………………………… 43

3.1.3 物理辐照接枝 …………………………………… 45

3.1.4 涂层 ……………………………………………… 47

3.1.5 化学气相沉积法 ………………………………… 52

3.2 机械增强 …………………………………………… 53

3.2.1 共混增强 ………………………………………… 54

3.2.2 复合基体材料 …………………………………… 55

3.2.3 热压处理 ………………………………………… 57

3.3 本章结论 …………………………………………… 57

第4章 膜蒸馏用分离膜结构研究 ……………………… 59

4.1 膜结构参数优化 …………………………………… 59

4.1.1 膜厚度 …………………………………………… 59

4.1.2 膜孔隙率 ………………………………………… 61

4.1.3 膜孔径和孔径分布 ……………………………… 61

4.1.4 膜孔道弯曲度 …………………………………… 64

4.2 膜表面结构与形貌构建 …………………………… 65

4.2.1 膜表面结构构建 ………………………………… 66

4.2.2 膜表面形貌构建 ………………………………… 70

4.3 Janus 膜 …………………………………………… 73

4.3.1 Janus 平板膜 …………………………………… 74

4.3.2 Janus 中空纤维膜 ……………………………… 75

4.3.3 Janus 静电纺纳米纤维膜 ……………………… 78

4.4 本章结论 …………………………………………… 80

第5章 膜蒸馏过程研究 ………………………………… 81

5.1 膜组件优化 ………………………………………… 82

5.1.1 膜组件参数优化 ………………………………… 82

5.1.2 热料液侧优化 …………………………………… 85

5.1.3 渗透侧优化 ……………………………………… 88

5.2 膜污染 ……………………………………………… 92

    5.2.1　膜污染减缓 ·· 92

    5.2.2　膜污染物去除 ·· 97

  5.3　本章结论 ··· 99

第6章　膜蒸馏组合工艺研究 ··· 100

  6.1　膜蒸馏—新型热源 ·· 100

    6.1.1　太阳能驱动膜蒸馏（SMD） ····················· 100

    6.1.2　地热驱动膜蒸馏（GMD） ························· 101

    6.1.3　混合可再生能源驱动膜蒸馏 ····················· 101

    6.1.4　其他新型热源驱动膜蒸馏 ························· 102

  6.2　膜蒸馏—传统分离技术组合工艺 ····················· 103

    6.2.1　膜蒸馏—结晶（MD—C） ······················· 103

    6.2.2　催化膜蒸馏 ··· 106

    6.2.3　渗透膜蒸馏（OMD） ····························· 108

    6.2.4　膜蒸馏—吸附 ······································· 110

    6.2.5　膜蒸馏—萃取（MD—SX） ····················· 110

    6.2.6　膜蒸馏—精馏（MD—R） ······················· 110

  6.3　膜蒸馏—新型分离技术组合工艺 ····················· 111

    6.3.1　正渗透—膜蒸馏（FO—MD） ·················· 111

    6.3.2　膜蒸馏—生物反应器（MD—BR） ············· 113

    6.3.3　加速沉淀软化—膜蒸馏（APS—MD） ········· 115

  6.4　本章结论 ··· 117

第7章　膜蒸馏应用研究 ·· 118

  7.1　海水淡化 ··· 118

    7.1.1　模拟海水脱盐 ······································· 118

    7.1.2　海水直接脱盐 ······································· 120

    7.1.3　RO 浓盐水淡化 ····································· 123

  7.2　苦咸水淡化 ·· 125

  7.3　高浓盐溶液脱盐 ·· 126

  7.4　工业废水处理 ·· 126

    7.4.1　印染废水处理 ······································· 126

　　7.4.2　循环冷却水处理 ……………………………………… 129

　　7.4.3　天然气/石油开采废水处理 …………………………… 130

　　7.4.4　放射性废水处理 ………………………………………… 132

　　7.4.5　含油/表面活性剂水处理 ……………………………… 133

　　7.4.6　含重金属废水处理 ……………………………………… 134

　7.5　热敏物质分离 ………………………………………………… 135

　　7.5.1　果汁浓缩 ………………………………………………… 135

　　7.5.2　中药成分提取 …………………………………………… 135

　7.6　其他特种分离 ………………………………………………… 135

　7.7　本章结论 ……………………………………………………… 136

参考文献 ………………………………………………………… 138

第1章 绪论

作为一种高效节能的分离技术，膜分离技术借助于外界能量或化学位的推动，对两组分或多组分的气体或液体进行分离、分级、提纯或富集。膜分离技术已成为当今分离科学领域一个极其重要的分支。相较于传统压力驱动膜分离技术，如微滤超滤、纳滤、反渗透等，膜蒸馏技术具有诸多技术优势，已广泛应用于苦咸水淡化、海水淡化、食品加工、纺织印染、冶金等领域。虽然膜蒸馏技术体现出很好的应用前景，但也存在一些亟待解决的关键问题。本章从膜分离概述、膜蒸馏简介、膜蒸馏用分离膜及膜蒸馏过程几方面阐述，最后提出目前限制膜蒸馏技术发展的关键问题。

1.1 膜分离概述

膜分离技术具有分离、浓缩、纯化和精制的功能，其集成化程度高、操作过程简单、高效节能，已经广泛应用于水处理、食品、医药、生物、气体分离及特种分离领域[1-2]。作为一种高效、环境友好的分离技术，膜分离技术借助于外界能量或化学位的推动，实现对两组分或多组分气体或液体的分离、分级、提纯或富集。膜分离技术中的核心组成即分离膜，其是一种具有选择透过功能的薄膜型材料，相较于传统分离技术，以分离膜为核心组成的膜分离技术可实现物质的分离、浓缩与提纯，具有高效分离、能耗低、集成化程度高、占地面积少及操作简单等优势。分离膜的分类方法有很多种，通常按分离机理和适用范围可分为微滤膜（MF）、超滤膜（UF）、纳滤膜（NF）、反渗透膜（RO）、渗透蒸发膜（PV）和离子交换膜（IE）等，相应的膜分离技术称为微滤、超滤、纳滤、反渗透、渗透蒸发以及离子交换。

1.2 膜蒸馏简介

膜蒸馏（membrane distillation，MD）是一种使用多孔疏水分离膜作为分离介质，以膜两侧水蒸气的压差作为推动力的膜分离技术。其中多孔疏水膜起到了物理隔绝作用，在孔道处形成气液界面，料液中的可挥发性物质变为蒸汽进入膜孔而液体无法通过，从而实现物质分离和纯化。MD膜必须是多孔疏水膜，以保证膜孔道不被原料液润湿，只有蒸汽可以自由通过孔道。作为一种热驱动膜分离过程，在分离膜两侧的蒸汽压差梯度作用下，热料液在分离膜表面汽化后以蒸汽分子形式由热侧透过分离膜膜孔迁移至冷侧，再经冷凝得到纯净组分。相较于传统蒸馏及膜分离技术，MD 操作需要的环境压力和温度更低，可在低温常压操作，可充分利用工业余热、地热以及太阳能等能源为其提供热动力，再加之其理论上 100% 的截留性能，产水水质好且可处理高浓度料液，分离性能不受渗透压限制等使 MD 成为极具吸引力的膜分离技术[3-4]。典型的膜蒸馏工艺主要有四种，即直接接触式（DCMD）、空气隙式（AGMD）、气扫式（SGMD）和真空式（VMD），如图 1-1 所示。

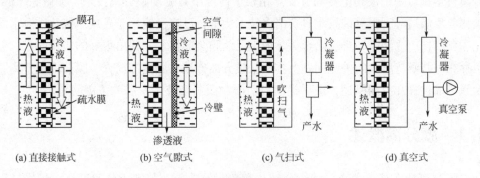

(a) 直接接触式　　　　(b) 空气隙式　　　　(c) 气扫式　　　　(d) 真空式

图 1-1　膜蒸馏工艺类型

（1）直接接触式膜蒸馏（DCMD）

DCMD 是膜的两侧直接接触冷料液和热料液的一种膜蒸馏工艺。因为膜两侧均为液体，蒸馏过程中，热蒸汽穿透膜到达冷侧，遇冷液转变为水，进而得到回收。与另外三种膜蒸馏方式比较，直接接触式具有结构简单的特点。在此方法的应用过程，也显露出一些弊端，例如，耗能大，不适合处理高浓溶液废水，热效率较低等。

（2）空气隙式膜蒸馏（AGMD）

AGMD 在渗透侧膜表面和冷壁中间有一空气层，蒸汽透过渗透侧膜表面进入空气层，穿过空气层在冷壁上冷凝。和其他膜蒸馏工艺相比 AGMD 较为复杂，气隙间蒸汽充足，蒸馏过程中由于跨膜压力不足，而导致膜通量较小，此方式能量利用率相对较低。利用 AGMD 回收的产物没有通过其他冷凝装置，冷凝过程相对封闭，回收产物的纯度较高。

（3）气扫式膜蒸馏（SGMD）

膜的冷侧蒸汽被气体冲扫进冷凝器，随冲扫气体吹出，蒸汽也被带离膜分离组件，然后进入冷凝系统进行冷凝。鼓风机控制冲扫气体，使蒸汽保持强制对流状态。因使用鼓风设备，能耗增加，使应用范围难以推广。鼓风设备会产生比较大的压强，额外增加了冷凝系统的负荷。和其他膜蒸馏方式对比，此工艺膜通量较大。

（4）真空式膜蒸馏（VMD）

膜冷侧增加减压真空系统，从膜冷侧抽吸蒸汽，使蒸汽具有传递动力，接着进入冷凝装置。在膜热侧，由于溶液受热，生成了大量的热蒸汽，温度高的一侧蒸汽压高于真空侧压力，利用压力差作为传质推动力，使温度高的一侧蒸汽穿过膜微孔到达膜温度低的一侧，由于液体无法通过，可利用此工艺分离不同物质。该过程中传质动力来自膜两侧产生的压力差，在膜界面上发生传质和传热，由分子扩散、努森扩散共同决定膜界面间的传质效果。

1.3　膜蒸馏用分离膜

膜蒸馏作为一种新型热驱动膜分离技术，其分离过程伴随着传质和传热过程，操作条件、分离对象及工艺参数的不同直接影响着最终蒸馏的效果，而其中的多孔疏水膜起到至关重要的作用。目前，膜蒸馏用疏水膜材料主要为聚偏氟乙烯（PVDF）、聚四氟乙烯（PTFE）和聚丙烯（PP）三种材料。在此基础上，可以利用不同材料间的优势进行互补，采用复合材料制备高性能的膜蒸馏膜。现阶段，膜材料的研究集中在使用 PVDF、PP 等作为基膜，对其表面进行改性，以提高膜的疏水性及减少污染物在膜表面的附着，也可将不同的聚合物进行混合制膜，改变膜内部结构（膜孔径、孔隙率等）。此外，一些无机材料也被用于制备膜蒸馏用分离膜，如氧化锆、二氧化钛和氧化铝等。应用于膜蒸馏过程的膜组件类型主要有平板式、中空纤维式、卷式、管式和毛细管式。

1.4　膜蒸馏过程

膜蒸馏过程是一种热驱动过程，通过疏水性多孔膜将热料液（热侧）与透过侧（冷侧）分隔开，由于进料侧的蒸汽压高于透过侧的蒸汽压，在压差梯度作用下，蒸汽分子由热侧透过膜孔迁移至冷侧，再经冷凝，可得纯净组分。由此可见 MD 分离的传质过程主要由三个阶段组成：一是水分在膜的热料液侧蒸发；二是水蒸气穿过膜孔的迁移过程；三是水蒸气在膜的另一侧冷凝。与之相关的传热过程则主要包括四个方面：一是热量由料液主体通过边界层转移至膜表面；二是蒸发形式的潜热传递；三是热量由热侧膜表面通过膜主体和膜孔传递到冷侧膜表面；四是由冷侧膜表面穿过边界层转移到气相主体。影响膜蒸馏过程的因素如下。

（1）膜的抗润湿与抗污染性

膜润湿与膜污染会增加传质阻力，导致膜通量和膜过程效率降低，是制约 MD

技术广泛应用的两个重要因素。温度对于膜过程的重要性不言而喻，但之前的研究多是关于温度对传质传热的影响。事实上，温度也会使膜的润湿改变。进料侧的流体力学性能同样会影响膜污染过程。将鼓泡方法应用于 MD 过程，对进料侧进行鼓泡，形成两相流。这种方式可以有效减少污垢堆积，限制膜污染的形成，提高过程的效率。

（2）膜特性参数

膜特性参数主要有膜的孔隙率、孔径大小及分布、曲折因子以及膜厚度等。膜的孔隙率影响蒸发面的大小，因此孔隙率越大，传质效果越好。相比之下膜的厚度增加能够减少能量的损失，但会增加传质阻力[5]。高的孔隙率、较小的弯曲因子和膜厚度值有助于通量的提高和极化现象的降低[6]。提高膜的固有传质系数，可减弱温差极化现象。当膜的固有传质系数较高时，流动阻力集中在边界层上，此时，增加扰动会带来传质效果的提升，提高操作温度同样促进传质。单个参数的影响毕竟相对简单，实际操作中往往是多个参数同时控制，其间的相互关联还需要进一步的研究，才能合理预测并得到最佳组合。

1.5　膜蒸馏技术发展的关键问题

多孔疏水膜是膜蒸馏技术中不可缺少的，但多孔疏水膜在阻隔冷侧热侧的同时，也会产生较大的传质阻力，且处理工艺的能量利用率较低。此外，在处理过程中，膜的污染和损耗阻碍了膜蒸馏技术的工业推广。由膜蒸馏的分离原理可知，MD 膜必须是多孔疏水膜，以保证膜孔道能不被原料液润湿，只有气体可以自由通过孔道。常用于 MD 的疏水膜有单层疏水膜（即最常见的膜），双层的疏水/亲水复合膜，以及三层复合的亲水/疏水/亲水或者疏水/亲水/疏水膜。MD 膜的孔径通常分布在 $10nm \sim 1\mu m$ 之间，性能优良的 MD 膜应该同时满足以下几个因素。

①膜必须是疏水的，并且疏水性越高越有利。疏水膜不仅能预防膜孔被所接触的液体润湿，同时能增大渗透通量，提高膜蒸馏过程效率。

②膜应该有较高的渗透通量。MD 通量会随着膜孔径和孔隙率的增加而增加，随膜厚和孔道曲折性的增大而减小。孔径和孔隙率增大可以有效降低蒸汽在膜内扩散的阻力，而膜厚和孔道曲折性会增大阻力。

③膜应该有高的液体透过压力（liquid entry pressure，LEP）。较高的 LEP 能保证膜在压差较高的操作条件时仍不会发生原料液渗漏。减小膜的最大孔径和提高膜疏水性是增大 LEP 值直接有效的手段。

④膜应该有低的导热性。MD 过程中热传导主要分为两个部分，即膜孔道中的

气体导热和膜主体材料导热。膜主体材料导热性高会造成较多的热损失，因此应使用有低导热系数的膜材料。一般疏水材料的导热系数高于亲水材料，因此使用亲水材料作为膜的主体材料有助于减小热传导，提高传热效率。另外，由气体的导热系数远远小于固体，因此增加膜的孔隙率可以有效降低由导热造成的热损失。

⑤膜应该有良好的热稳定性和化学稳定性，以保证运行过程中不会由于膜材料本身结构或性质发生变化导致膜润湿或污染。

⑥膜材料成本低且易于加工制作。随着几十年的发展膜蒸馏技术已取得重要进展，但目前限制其大规模应用的主要因素有：适于膜蒸馏过程的疏水性多孔分离膜；膜孔润湿、膜表面结垢及膜污染问题、膜过程工艺优化，尤其是膜组合工艺开发等。目前，相当一部分学者对膜蒸馏用疏水性分离膜进行了研究工作并取得了一定进展。而膜过程，如膜组件的设计和优化、使用过程中出现的膜表面结垢及膜污染，也是膜蒸馏技术发展中亟待解决的关键问题。

近年来对 MD 用分离膜的研究是从增强 MD 传质过程、保证传质效果及提高传热效率三方面着手。

第一方面，增强传质过程。首先寻找合成新型疏水性膜的材料及其合适的成膜工艺，对现有膜材料进行疏水化改性，疏水膜，且疏水性应尽量高，可以使膜孔被所接触的液体润湿的程度减轻，增大渗透通量，提高膜蒸馏过程效率；其次优化相分离成孔过程，调节膜微观孔结构和膜厚度，高渗透通量的膜，要求其具有较大的膜孔径和较高的孔隙率，且膜厚和孔道曲折性要小，孔径和孔隙率增大可以有效降低蒸汽在膜内扩散的阻力，而膜厚度大和孔道曲折性高会增大阻力。

第二方面，保证传质效果，减小膜的最大孔径和提高膜的疏水性。高的液体渗透压能够确保膜在压差较高的操作条件时，仍不会发生原料液体渗漏，保证蒸馏效果。

第三方面，提高传热效率，选用低导热性膜。MD 作为热驱动分离过程，热量应尽量用于蒸发形式的潜热传递，减少因热传导而产生的热损失。MD 过程中热传导主要为膜孔道中的气体导热和膜主体材料导热，因此，应使用有低导热系数的膜材料。可选途径有：一般亲水材料的导热系数低于疏水材料，因此使用亲水材料作为膜主体材料有助于提高热效率，减少热损失。另外，由于气体的导热系数远远小于固体，因此增加膜的孔隙率可以有效降低由于导热造成的热损失。

另外，为保证多孔疏水膜在 MD 过程中能长期稳定运行，确保不会由于多孔膜本身材料性质或孔结构发生变化而导致膜润湿、污染以及蒸馏性能下降，开发具有良好的热、机械和化学稳定性的膜也是现在研究的重点内容之一。

第2章 膜蒸馏用分离膜制备技术研究

膜蒸馏技术要求所采用的分离膜为疏水性多孔分离膜，这是对膜材料和膜结构的基本要求。液滴在疏水性分离膜表面形成的接触角需大于90°，而对于超疏水性分离膜需大于120°。此外，膜蒸馏用分离膜材料应具有良好的成膜性，以保证其后续成型加工。膜蒸馏用分离膜依据构型可以分为平板、中空纤维、管状、毛细管、纳米纤维膜以及液膜等。每种构型的分离膜都有其对应的特殊制备技术，如非溶剂引发相分离工艺（NIPS）、热致相分离（TIPS）工艺、蒸发相分离（VIPS）工艺、熔融纺丝—冷却拉伸（MS—CS）工艺、静电纺丝工艺以及烧结法等。随着高分子加工成型技术的发展，新型分离膜制备技术也被开发出来并应用于膜蒸馏用分离膜的制备中，如 CO_2 超临界引发相分离、共混纺丝（coextrusion spinning）、冷压（cold pressing）和异形纺丝等。本章对膜蒸馏用分离膜构型、材料进行归纳，并综述其制备方法的研究进展。

2.1 膜蒸馏用分离膜构型

传统分离膜构型如平板、中空纤维、管状、毛细管等，均可用于膜蒸馏用分离膜。此外，一些新型分离膜构型，如纳米纤维膜以及液膜等，也被应用于膜蒸馏用分离膜。平板膜组件结构、制造及组装工艺简单，清洗、维护以及后期更换容易，是目前所有膜材质（高分子、陶瓷、金属等）中使用最为广泛的一种膜结构形式。平板膜是属于一种含有"原纤—结点"的微孔膜，表面含有很多微孔结构。微孔在膜上分布均匀且孔径小，微孔多、传质阻力小，有助于提高膜分离效率。

中空纤维以及毛细管构型的分离膜具有较高的比表面积和分离效率，是疏水性高分子膜中较常用的构型。与其他分离膜构型相比，中空纤维膜具有诸多优势，如具有自支撑结构、膜组件加工简单、比表面积高以及重现性好等，通常实验室膜组件和工业膜组件分离效果基本无差别。常用的疏水性膜材料为聚偏氟乙烯（PVDF），经刮涂或者干湿纺丝—非溶剂引发相分离（NIPS）后，可以分别得到多孔的平板式及中空纤维式疏水性分离膜，并可以作为复合膜的基膜使用。中空纤维膜合成一般采用常规纺丝方法，如非溶剂引发相分离法（NIPS）、热致相分离法（TIPS）、蒸汽引发相分离法（VIPS）、熔融纺丝—拉伸法（MS—CS）以及烧结法。

为了改善膜蒸馏性能，一些新型纺丝方法如共挤出纺丝、异形纺丝、冷压以及静电纺丝（electrospinning）等也被开发出来并成功制备出膜蒸馏用新型中空纤维膜。

管式膜结构较简单、安装方便、透过量较大且清洗较容易，是目前陶瓷膜常用的一种形式。管式膜通常作为组件的固定部分而不易更换，边界层阻力较平板式膜组件小，同时还具有较平板膜更大的比表面积。管式陶瓷膜制备工艺多采用粉末烧结法和溶胶—凝胶法（Sol—Gel）。由于膜表面大量有—OH 的存在，大多数陶瓷膜材料是亲水性的，而采用溶胶—凝胶法不仅可以用于调节陶瓷膜基层孔结构，还可以用做陶瓷膜的涂层对其进行疏水化改性。此外，采用涂层形式在基布上成型得到聚合物管式膜并可应用于膜蒸馏中。

纳米纤维膜以其极高的比表面积和较大的渗透通量等优势，在疏水性分离膜中逐渐得到开发。目前限制膜蒸馏发展的很重要的因素之一即膜蒸馏通量低，如何开发高蒸汽通量分离膜是目前膜蒸馏领域的研究重点之一。相较于传统相转化分离膜材料，纳米纤维膜孔隙率更高（可高达 80%）、比表面积更大，既可以作为复合膜基体材料也可以作为分离膜主体材料。另外，纳米纤维为主体构成的膜表面具有高的粗糙度，这有助于膜疏水性的提高，应用在膜蒸馏领域中更具优势。目前，膜蒸馏用纳米纤维膜多采用静电纺丝工艺。静电纺纳米纤维膜已成功应用于传统膜分离技术的诸多领域，如微/超滤[7]、纳滤/反渗透及催化膜[8]等。随着膜蒸馏技术的日渐成熟，具有高孔隙率、高比表面积和低孔道弯曲度的静电纺纳米纤维膜逐渐应用到膜蒸馏领域中，并表现出了优良的蒸馏性能。但是，高通透的纳米纤维膜也面临着更严重的机械稳定性易恶化及膜污染问题。

液膜具有结构点单、分离效率高等特点，尤其疏水性液膜可以用于有机物的萃取提纯中。Jayakumar[9]等采用三种不同疏水性的离子液体，如丁基-3-甲基咪唑六氟磷酸盐［BMIM］［PF6］、1-丁基-3-甲基咪唑双（三氟甲磺酰）亚胺［BMIM］［NTf2］、1-丁基-3-甲基咪唑三（五氟乙基）三氟［BMIM］［FAP］，作为液膜用于水中苯酚的萃取。离子液体液膜对苯酚的提取率及汽提效率分别高达 96.21%、98.10%，同时液膜损失率很小。文中指出液膜的亲水性及氢键碱度强度的增加可以提高苯酚的提取率。Ge[10]等进一步将超疏水的离子液体三（五氟乙基）三氟己基-3-甲基咪唑（［HMIM］［FAP］）引入孔径为 0.2μm，内外径 0.6mm×1.0mm 的 PP 中空纤维膜孔中得到疏水的中空纤维支撑液膜，并将其用于氯酚的萃取提纯中。实验结果证实［HMIM］［FAP］与 PP 中空纤维膜有良好的相容性，提取实验表明 4-氯代-3-氯苯酚、2,4-二氯苯酚、2,4,6-三氯苯酚的回收率分别可以达到 93%、97%、101%。

2.2　膜蒸馏用分离膜材料

用于膜蒸馏的膜材料必须是多孔疏水膜，以保证较高的渗透通量以及液体渗透压。另外，还应具有良好的成膜性能，以满足各种成型工艺（如刮膜、纺丝）的要求。若膜材料在具有疏水性的基础上，还具有高热阻、热稳定性和尺寸稳定性，则该膜材料将在膜蒸馏领域具有更大的开发潜力。疏水性高分子材料以其较温和的成膜加工条件而成为目前使用最多也是开发最多的膜蒸馏用分离膜材料类别。传统膜蒸馏用疏水性膜材料主要有聚偏氟乙烯（PVDF）、聚四氟乙烯（PTFE）、聚丙烯（PP）和聚乙烯（PE）。PVDF具有优良的溶解性、机械强度、热稳定性及化学稳定性，常通过非溶剂致相转化法（NIPS）制膜。

2.2.1　膜蒸馏用平板膜材料

平板膜制备简单、膜组件易清洗、检查或更换，一般实验室规模的膜组件常采用平板式膜组件。大多数的平板膜是采用刮涂流延工艺经相转化法制得的。目前，常用于微滤和超滤的聚合物膜材料大多是疏水性的，如聚乙烯（PE）、聚丙烯（PP）、聚偏氟乙烯（PVDF）等，这些材料以其优异的力学性能、较好的化学稳定性以及成膜性，可以直接通过刮涂工艺获得疏水性平板分离膜。其中，PVDF具有很好的化学稳定性、冲击强度及耐磨性能，同时还具有良好的柔韧性和抗张强度。PVDF具有优良的流延性，使得其能够通过刮涂等制膜工艺制备平板膜，是目前膜蒸馏使用最多的一种疏水性分离膜材料。除此之外，聚醚砜（PES）、聚砜（PSF）、聚四氟乙烯（PTFE）、聚酰亚胺（PI）[11]也可以通过合适的溶剂或制膜工艺，直接得到疏水性平板膜并应用于膜蒸馏过程中。这些疏水性的聚合物分离膜也经常作为疏水性复合膜的基膜。另外，陶瓷膜（如 TiO_2、Al_2O_3 和 ZrO_2 等[12]）、金属膜（如不锈钢膜[13]）、玻璃膜（如 Shirasu 多孔玻璃膜（SPG）[14-15]）以及分子筛膜（CSM）[16]等也可以通过适当的化学改性（如涂层、接枝、共混等）而得到疏水性复合膜，应用到膜蒸馏中。图2-1所示为不同种类平板分离膜材料表面的扫描电镜（SEM）照片，可以看出不同材料得到的多孔分离膜结构有很大不同。

近年来，PVDF基的分离膜材料如PVDF—共聚—三氟乙烯（PVDF—TrFE）、PVDF—共聚—三氟氯乙烯（PVDF—CTFE）被相继合成出来，其最初目的是为了提高PVDF的化学活性，对PVDF进行亲水化改性。而一些学者成功将这些PVDF基材料用于膜蒸馏疏水性平板分离膜的制备中。Zheng[17]等采用PVDF基的PVDF—CTFE经传统浸没沉淀相转化法得到多孔的疏水性PVDF—CTFE平板式分离

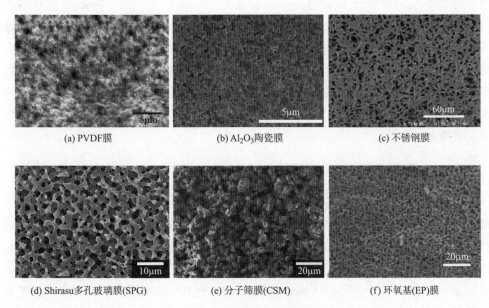

(a) PVDF膜　　　　　　(b) Al$_2$O$_3$陶瓷膜　　　　　　(c) 不锈钢膜

(d) Shirasu多孔玻璃膜(SPG)　　　(e) 分子筛膜(CSM)　　　(f) 环氧基(EP)膜

图 2-1　不同疏水性平板膜表面扫描电镜（SEM）照片

膜并应用在膜蒸馏中。结果发现 PVDF—CTFE 膜的水接触角（WCA）为 105.3°大于 PVDF 膜的 98.4°，这表明 PVDF—CTFE 膜的疏水性较 PVDF 膜有所提高。此外，采用 PVDF—CTFE 膜对 35g/L 的 NaCl 水溶液进行膜蒸馏实验。结果表明 PVDF—CTFE 膜的渗透通量达到 62.9 kg/（m^2·h），渗透液电导率低至 5μS/cm，均优于传统 PVDF 膜。后期工作中作者又研究了聚乙二醇（PEG）、LiCl、有机酸、MgCl$_2$ 以及 LiCl/H$_2$O 等添加剂对 PVDF—CTFE 分离膜最终结构与渗透性能的影响[18]，并且通过干湿法纺丝工艺纺制了 PVDF—CTFE 中空纤维分离膜[19]。为了进一步提高膜材料疏水性，一些 PVDF 的共聚物，如 PVDF 共聚六氟丙烯（PVDF—HFP）和 PVDF—共聚—六氟丙烯（PVDF—FEP）等也被合成出来，并成功应用在膜蒸馏用疏水性平板分离膜的制备中，取得了很好的蒸馏效果[20]。

除了这些常规膜膜蒸馏用平板分离膜材料以及 PVDF 基材料外，一些新型疏水性分离膜材料，如聚酰胺—酰亚胺（PAI）和环氧基（EP）等被相继开发出来。虽然这些新型疏水膜材料目前尚未过多的应用在 MD 中，但其具有优异的疏水特性，在 MD 中将具有很好的前景。Zhang[21] 等采用干湿法纺丝工艺纺制聚酰胺—酰亚胺（PAI）中空纤维膜，并经浸没接枝十八胺疏水化改性，用于膜接触器 CO$_2$ 的捕集。Mi[22] 等分别采用双酚 A 二缩水甘油醚（DGEBA）、4,4′-二氨基二环己基甲烷（DDCM）、DMSO 和 PEG—200 作为单体、固化剂和致孔剂，于 70℃ 下反应 24h，经乙醇冲洗成内外径 0.8cm×1.0cm，长度为 2.0cm 的管状膜。所制备的环氧基（EP）疏水分离膜具有 3D 双连续骨架结构［图 2-1（f）］，可用于油包水乳浊液的制备及色谱分离法中。质子交换膜材料中有许多含氟的高聚物，如含氟三唑聚合物（F-PT）和含氟芳香族聚恶二唑（F-POD）[23] 被合成出来，而这些含氟聚合大多都具有很高的疏水性和良好的热稳定性，是性能优异的疏水分离膜材料，可以用来制备 MD 用疏水性分离膜。目前，已经有一些学者将其制备成疏水性分离膜并应用在常规 MD 中[24]。

2.2.2 膜蒸馏用中空纤维膜材料

传统膜蒸馏用疏水性高分子中空纤维膜材料主要有聚偏氟乙烯（PVDF）、聚四氟乙烯（PTFE）和聚丙烯（PP）。与亲水性高分子膜相比，材料品种和制膜工艺都十分有限。相关学者也尝试各种高分子合成方法以及新的成膜工艺，以期拓宽高分子疏水中空纤维膜材料的来源，如新材料有 PVDF 共聚物［PVDF 共聚六氟丙烯（PVDF—HFP）[25-26]、PVDF 共聚三氟氯乙烯（PVDF—CTFE）[19] 和 PVDF 共聚六氟丙烯（PVDF—FEP）[20]］、氟化聚恶二唑（F-POD）[27]。一些学者采用特殊纺丝工艺或涂层技术将高分子亲水膜材料与疏水膜材料结合起来得到 Janus 膜，疏水层接触原料液体提供气液界面，而亲水层则在提供蒸汽通道的同时尽可能提高膜蒸馏传热效率，减少热损失。所选亲水层膜材料有聚醚砜（PES）、聚（二氮杂萘酮醚砜酮）（PPESK）、聚多巴胺—聚乙烯亚胺（DA/PEI）[28]、聚丙烯腈（PAN）[29] 和聚醚酰亚胺（PEI）[30] 等。

尽管无机陶瓷中空纤维膜材料成膜加工工艺条件及成本较高，但以其优良的机械、热及化学稳定性而成为除疏水高分子中空纤维膜材料外的另一研究热点。目前主要研究的材料有三氧化二铝（Al_2O_3）[31]、高岭土[32]、β-Sialon 陶瓷[33]、硅基础—稻壳灰[34] 和二氧化硅（SiO_2）[35] 等。多数无机陶瓷膜材料表面具有亲水特性，无机陶瓷膜材料经特殊纺丝工艺纺制出来后，往往需要进行疏水改性处理才能够作为疏水膜材料应用到膜蒸馏中。

另外，一些新型材质的无机材料也逐渐被开发，并应用于膜蒸馏用疏水中空纤维膜材中，如不锈钢（SS）颗粒[36] 和分子筛（CMS）[37] 等。

2.2.3 膜蒸馏用纳米纤维膜材料

PVDF 是目前研究最多的应用于膜蒸馏的静电纺纳米纤维膜材料。Francis[38] 采用静电纺法制备 PVDF 纳米纤维膜，将其应用在 DCMD 工艺处理红海水脱盐中，并与传统干湿法纺丝工艺纺制的 PVDF 中空纤维膜进行比较。实验采用恒定静电纺丝条件（直流电压 25kV，接收距离 15cm，纺丝液挤出速率 16.66μL/h）。结果发现静电纺 PVDF 纳米纤维膜的水接触角（WCA）高达 140°要远远高于 PVDF 中空纤维膜的 WCA（92°），膜表面疏水性明显增强。在原料液温度 80℃，渗透侧温度 20℃，静电纺 PVDF 纳米纤维膜的水通量为 36kg/（m² · h）高于 PVDF 中空纤维膜的 31.6kg/（m² · h）。

　　PTFE 具有优异的疏水性、力学性能、化学和热稳定性，是目前最理想的用于 MD 的疏水分离膜材料。然而 PTFE 的惰性使其难溶解于常规溶剂，其熔体具有高黏度，导致其不能采用常规相转化法或熔融拉伸等成膜方法制备疏水性多孔膜。为此，学者们开发了一种载体成膜—煅烧的工艺，从而间接获得 PTFE 多孔平板或中空纤维分离膜[39]。近年来，该工艺也被成功应用于静电纺丝中制备膜蒸馏用 PTFE 纳米纤维膜。Zhou[40] 等以聚乙烯醇（PVA）为聚合物载体混合 PTFE 乳液（PVA：PTFE＝3：7），经静电纺丝（直流电压 15kV、接收距离 15cm、纺丝时间 6h）纺制 PTFE/PVA 纳米纤维复合膜。复合膜在 N₂ 氛围管式炉热处理（150℃下 1h）后，升温煅烧（330~390℃下 5~30min）得到 PTFE 纳米纤维膜。实验研究了煅烧温度和时间对 PTFE 纳米纤维膜结构与 VMD 脱盐性能的影响。380℃ 煅烧 30min 后，PTFE 纳米纤维表面呈现串珠状结构，膜表面 WCA 高达 150°，孔隙达到 80%。渗透侧真空度为 30kPa，原料液为 80℃、3.5%（质量分数）的 NaCl 水溶液，PTFE 纳米纤维膜盐截留率达到 98.5%。另外，为了降解难处理的印染废水，Huang[41] 等同样采用 PVA 为载体，将醋酸锌引入纺丝液中，通过静电纺—煅烧工艺制得 PTFE/ZnO 纳米纤维膜。为了进一步得到具有强催化效应晶型的 ZnO 晶体，将 PTFE/ZnO 纳米纤维膜经化学浸渍醋酸锌—煅烧工艺，最终得到具有光催化效应的 PTFE/ZnO 纳米纤维膜。制备工艺如图 2-2 所示。

　　为了进一步增强 PVDF 纳米纤维膜的疏水性，学者们将新型 PVDF 基膜材料应用于膜蒸馏用静电纺纳米纤维膜的制备中。这些研究工作主要集中在 PVDF—HFP 静电纺纳米纤维膜的制备方面，但其他 PVDF 共聚物的静电纺丝工艺尚未见报道。Su[42] 等以 N,N-二甲基甲酰胺（DMF）和丙酮混合溶剂以及 17%（质量分数）的 PVDF—HFP（M_w＝55000），在电压 30kV，接收距离 15cm 静电纺丝条件下，纺制 DCMD 脱盐用 PVDF—HFP 静电纺纳米纤维膜。实验研究了 MD 操作工艺，包括进料泵流速和温度对膜渗透通量及脱盐率的影响。所纺 PVDF—HFP 纳米纤维膜表面 WCA 达到 128°，略高于静电纺 PVDF 纳米纤维膜表面的 125°。PVDF—HFP 纳米纤维膜纤维直径为 170nm，膜孔径为 0.3μm，应用在 DCMD 时对 NaCl 截留率达到 99.9888%，几乎与 PVDF 纳米纤维膜的截留率相同，而水通量略高于 PVDF 纳米纤维膜。与商业用 PTFE 分离膜比较发现，静电纺 PVDF 及 PVDF—HFP 纳米纤维膜

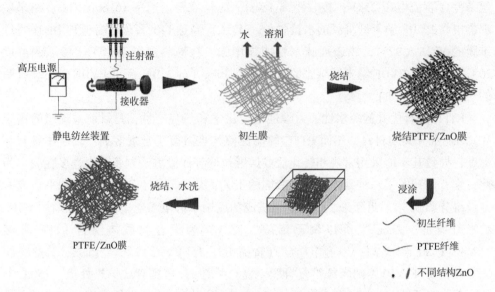

图 2-2 静电纺丝—煅烧工艺制备膜蒸馏用 PTFE/ZnO 纳米纤维膜流程示意图

的水通量均高于商业用 PTFE 分离膜，研究人员将其归因于静电纺纳米纤维膜具有极高的孔隙率（95%～99%），这也正是纳米纤维膜的突出优势。

除了将常见的疏水性膜材料应用在静电纺工艺中以外，近年来有学者将一些其他通用疏水性高聚物，如聚苯乙烯（PS）应用到膜蒸馏静电纺纳米纤维膜的制备中。PS 具有疏水性强、原料来源广、价格低等优势，且很容易进行表面改性以减轻膜污染和结垢。Ke[43] 等以 DMF 为溶剂、十二烷基硫酸钠（SDS）为助剂，通过优化静电纺丝工艺制备 DCMD 脱盐用 PS 纳米纤维膜，并取得了较好的脱盐效果。添加 0.5%（质量分数）的 SDS 后，PS 纳米纤维膜串珠状纤维消失，纤维膜孔隙率得到提高（84%），膜表面 WCA 达到 114°。PS 纳米纤维膜处理 80℃、35g/L 的 NaCl 水溶液的水通量达到 31.05kg/（m² · h），渗透液电导率低于 5μS/cm，达到纯水水平。

2.3 膜蒸馏用分离膜制备方法

常规分离膜制备工艺如聚合物膜的非溶剂引发相分离（NIPS）、热致相分离（TIPS）、蒸发相分离（VIPS）、熔融纺丝—冷却拉伸（MS—CS）等，以及无机陶瓷膜的烧结法、溶胶—凝胶法（Sol—Gel）等均可以用于膜蒸馏用分离膜制备中。为了得到性能更加优异的膜蒸馏用分离膜，对常规制膜工艺进行优化改进成为目前膜蒸馏用分离膜制备研究中的一个热点。此外，一些新型制膜工艺如 CO_2 超临界引发相分离、共混纺丝、冷压和异形纺丝等也逐渐应用到膜蒸馏用分离膜的制备中。

2.3.1　非溶剂引发相分离法（NIPS）

非溶剂引发相分离法（NIPS）是将聚合物溶于溶剂中形成均相溶液，均相溶液遇到与溶剂互溶性更强的非溶剂时，溶剂萃取出来形成以聚合物为连续相、溶剂为分散相的两相结构，再除去溶剂，得到具有一定微孔结构的膜。

（1）NIPS 制备膜蒸馏用平板分离膜

图 2-3 为 NIPS 法连续制备膜蒸馏用平板分离膜示意图。以无纺布为基体经刮刀刮涂铸膜液后，再经凝固浴、水洗浴和漂洗浴后烘干收卷得到。PVDF 作为疏水性分离膜最为常用的膜材料，近年来，一些学者对其 NIPS 铸膜液组成（包括致孔剂、溶剂及凝固浴的选择）进行了一系列研究和优化，制备出膜蒸馏用 PVDF 平板膜，并探讨了膜结构对膜蒸馏性能的影响。

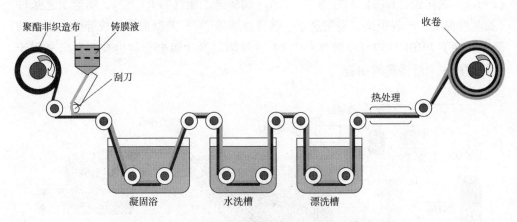

图 2-3　NIPS 法连续制备膜蒸馏用平板分离膜示意图

致孔剂在 NIPS 工艺中对 PVDF 膜最终的孔结构及渗透性能起到至关重要的作用。一些致孔剂，如 LiCl、甲醇[29]、磷酸[44]、聚乙二醇（PEG）被用于 PVDF 疏水性分离膜的制备中。这些研究发现，LiCl 浓度的增加，PVDF 膜孔由指状孔转变为海绵状孔，膜渗透通量极大降低。

在 NIPS 工艺中，溶剂除了起到溶解成膜物质的作用外，也具有一定的成孔作用，溶剂含量的高低会影响到最终膜孔结构和渗透性能。Li[45] 等采用磷酸三乙酯（TEP）和 N,N-二甲基乙酰胺（DMAc）混合溶剂作为 PVDF 铸膜液的溶剂。刮涂的液体薄膜在浸没凝固浴前于 25℃、60% 相对湿度的环境下进行溶剂蒸发，之后依次进入 TEP/DMAc/水和水这两种凝固浴中固化得到疏水性 PVDF 平板膜，并将其应用在膜蒸馏中。实验研究了混合溶剂比例及溶剂蒸发时间对沉淀速率、膜形态、膜表面疏水性以及机械强度等的影响。结果发现 TEP 与 DMAc 质量比为 60∶40，溶剂蒸发时间为 60min 时，PVDF 膜表面形态变得疏松，孔隙率和水接触角分别达到 80% 和 136.6°。

（2）NIPS 制备膜蒸馏用中空纤维膜

理论上，对于可以溶解在溶剂中的材料均可以采用 NIPS 法制膜，为了连续稳定纺制中空纤维膜，还要考虑纺丝液组成对纤维膜可纺性的影响（如纺丝液中各种功能性疏水纳米颗粒的引入）。NIPS 也是目前高分子膜材料制备技术采用最多的方法，对应的中空纤维膜纺丝技术为干湿法（或湿法）纺丝（图 2-4）。PVDF 作为一种疏水性较强的高分子膜材料，可以很好地溶解在极性溶剂中，因此常采用 NIPS 法制备膜蒸馏用 PVDF 中空纤维膜。近年学者们对纺丝液中 PVDF 浓度和分子量、添加剂种类［如聚乙烯吡咯烷酮（PVP）、马来酸酐（AMAL）[46]、聚乙二醇（PEG）、氯化锂（LiCl）和甘油］，溶剂［磷酸三乙酯（TEP）[47]］，纺丝工艺条件（如芯液温度、干程距离、卷绕速率、挤出速率等[48]）及凝固浴组成等做了细致的研究。除了 PVDF 中空纤维膜外，PVDF 共聚物以及含氟聚合物也被开发出来用于膜蒸馏用中空纤维膜的制备。

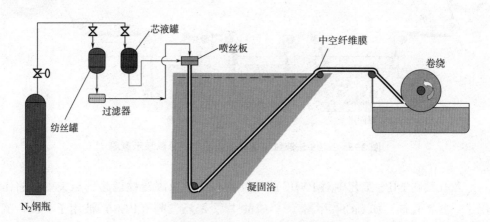

图 2-4　干湿法纺丝制备中空纤维膜过程示意图

①膜蒸馏用 PVDF 中空纤维膜。Wang 等[49] 使用 PEG-1500 和 LiCl 作为混合添加剂，得到的膜表皮层为无指状孔且密布海绵状孔，所制备 PVDF 中空纤维膜用于 81.8℃、3.5%NaCl（质量分数）水溶液的 DCMD 脱盐中，渗透通量达到 40.5kg/（m² · h），NaCl 截留率维持在 99.99%。Chang 等[47] 采用无毒绿色环保化学试剂磷

酸三乙酯进行了研究,并与传统的 NMP 溶剂进行对比。PVDF/TEP 体系相分离速率较慢,膜孔呈海绵状结构。12%/88%(质量分数)的 PVDF/TEP 二元体系得到的 PVDF 中空纤维膜结构与性能最优,孔隙率高达 83%,LEP 达到 $2 \times 10^5 Pa$(2.0bar),平均水通量在 20kg/$(m^2 \cdot h)$(60℃),NaCl 截留率达到 99.99%。Drioli 等[46]对 PVDF 纺丝液及凝固浴组成做了较为系统的研究,并将所得 PVDF 中空纤维膜用于 DCMD 脱盐中。结果表明,采用弱非溶剂如 N-甲基吡咯烷酮(NMP)或乙醇(EtOH)作为芯液和外部凝固浴,得到的 PVDF 中空纤维膜大孔较少,机械强度最高。纺丝液中 PVDF 含量较低时引入致孔剂 AMAL,所得中空纤维膜跨膜通量最大 [41.78kg/$(m^2 \cdot h)$,50℃]。

Tang[48]等以 PVDF 为成膜聚合物,N,N-二甲基乙酰胺(DMAc)为溶剂,LiCl 和 PEG-400 作为致孔剂,研究各种纺丝工艺条件包括芯液温度、干程距离、卷绕速率、挤出速率对 PVDF 中空纤维膜结构和 DCMD 及 VMD 脱盐性能的影响。结果发现,海绵状孔的形成极大地减小了 MD 渗透水通量,且 VMD 下降程度要严重于 DCMD。PEG 和 LiCl 组合致孔剂的使用可以明显提高膜的 MD 渗透水通量和机械强度。芯液温度为 55℃,干程距离 7cm 得到的 PVDF 中空纤维膜孔隙率较高且 MD 渗透水通量最大。为了更为系统地研究纺丝条件对 PVDF 中空纤维膜 DCMD 性能的影响,Song[50]等采用三因素三水平正交试验设计和数理分析。变量分析表明,纺丝液中引入非溶剂添加剂(甘油)对 MD 系数和热效率影响最大,PVDF 浓度影响次之,外部凝固浴组成影响最小。在优化设计的纺丝条件下,PVDF 膜对 3% NaCl(质量分数)截留率达到 99.9%,通量为 20kg/$(m^2 \cdot h)$(64.5℃)。而铸膜液中甲醇的引入导致 PVDF 中空纤维膜外表面孔结构由凝集球结构转变为互相交叉重叠的球结构。这种重叠的球结构可以有效增大 PVDF 膜表面疏水性(WCA 由纯 PVDF 膜的 72.5°增大至 147.5°)。所纺制的 PVDF 中空纤维膜在直接接触式膜蒸馏(DC-MD)中表现出优异的脱盐性能 [质量分数为 3.5% 的 NaCl 水溶液,80℃,渗透通量为(83.40±3.66)kg/$(m^2 \cdot h)$,分离因子>99.99%][49]。PVDF 铸膜液中致孔剂磷酸的引入导致 PVDF 膜海绵状孔的增加、孔径减小、孔隙率增加,这些都有利于气液膜接触器中 PVDF 膜润湿压力及渗透通量的增大[44]。PVDF 铸膜液中 PEG-400 含量的增加可以有效增大 PVDF 膜孔径和孔隙率,而其中孔隙率的增加对 PVDF 气体膜渗透速率的影响较孔径的增大更为显著[48]。

②膜蒸馏用 PVDF 共聚物中空纤维膜。与传统 PVDF 相比,由于无定型相 HFP 的引入,PVDF—HFP 有更低的结晶度和高链段自由度,F 含量的增加导致 PVDF—HFP 疏水性优于 PVDF。因此,PVDF—HFP 被应用在 MD 用疏水性多孔膜材料并纺制成中空纤维膜。M. Khayet[25-26]课题组在 2009~2017 年对 NIPS 法制备

PVDF—HFP 中空纤维膜及其在 MD 中的应用做了连续系统研究。研究发现，纺丝液中 PVDF—HFP 浓度由低到高，中空纤维膜倾向于由双层内外皆为指状孔结构向海绵状孔取代内层指状孔到最终内外皆为海绵状孔结构转变，孔径逐渐降低，LEP 慢慢增大。研究人员采用部分因子设计法对 PVDF—HFP 纺丝工艺中的七个参数（PVDF—HFP 浓度，添加剂 PEG 浓度，干程距离，芯液和外部凝固浴温度，芯液流速，卷绕速率和挤出压力）做了严格的实验设计和分析，得到最优的纺丝条件为：PVDF—HFP 浓度 20%（质量分数），添加剂 PEG 浓度 6%（质量分数），干程距离 25cm，芯液和外部凝固浴温度 37.5℃，芯液流速 19mL/min，无拉伸张力卷绕和挤出压力 $0.3×10^5$Pa，此时所纺 PVDF—HFP 中空纤维膜 DCMD 脱盐性能最优。之后，研究人员分别采用 DMA、DMAc 和磷酸三甲酯（TMP）混合溶剂及 N，N-二甲基甲酰胺（DMF）和 TMP 混合溶剂作为 PVDF—HFP 纺丝用溶剂进行中空纤维膜纺制。实验研究并比较了各种体系的热动力学性质。结果表明，TMP 比例的增加导致纤维外层指状孔减少，孔径增加，DCMD 渗透通量增大。混合溶剂中 DMF 的引入导致中空纤维膜中间层部分大孔的形成及膜厚度增大，DCMD 通量减小。研究人员又从热力学和动力学性质研究了芯液和外部凝固浴对 PVDF—HFP 膜结构及 MD 性能的影响。芯液中溶剂含量的增加导致膜内层结构逐渐演化为开孔的多孔内表面，外部凝固浴中溶剂浓度增加会减弱凝胶力，导致纤维外层结构多大孔，甚至外层皮层消失，DMCD 性能恶化。

另外一种 PVDF 共聚物，PVDF—CTFE 也被开发出来用于中空纤维膜制备及 MD 中。Wang[19] 以 DMAc 为溶剂，LiCl 和 PEG 为添加剂，通过干湿法纺丝工艺制备 PVDF—CTFE 中空纤维膜并用于 DCMD 脱盐中。与传统 PVDF 膜三元相图比较，PVDF—CTFE 纺丝液体系更加稳定且更倾向于结晶而导致较早的固液分相。PVDF—CTFE 中空纤维膜孔相连性由于 PVDF 膜，且在纤维内皮层形成较大的撕裂孔，而不是 PVDF 膜中较小的指状孔。这种结构使得 PVDF—CTFE 膜的渗透通量高达 62.09kg/(m^2·h)，透过液电导率低至 5μS/cm（原液 NaCl，35g/L，80℃）。

③膜蒸馏用含氟聚合物中空纤维膜。由于 NIPS 成膜过程较为简单，近年一些疏水性含氟聚合物被合成出来后首先应用到 NIPS 法纺制中空纤维膜中。Xu 等[27] 合成 F-POD，以 NMP 为溶剂并采用 NIPS 法纺制 F-POD 中空纤维膜，将其应用在 DCMD 处理石油地下采出水的处理中。所制备 F-POD 膜为纳米孔，MD 渗透通量随着芯液中 NMP 浓度增大而增加。实验还研究了 MD 操作参数，包括进料口温度，进料液流速和膜组件长度对 MD 性能的影响。

2.3.2　热致相分离法（TIPS）

热致相分离法（TIPS）是在成膜聚合物的熔点以上，将其溶于高沸点、低挥发性的溶剂（又称稀释剂）中，形成均相溶液。然后降温冷却，发生相分离。选择适当的挥发性试剂（即萃取剂）把溶剂萃取出来，从而获得一定结构形状的聚合物微孔膜。与 NIPS 法相比，TIPS 法成膜速率快，孔隙率高，成膜影响因素少且易控制，所得微孔结构无大孔且孔形式多样，如开孔、闭孔、各同向性、各异向性、非对称等，孔径分布窄，可以获得对称孔结构，所成的膜力学性能优良。TIPS 法成膜孔隙率较高、制膜影响因素较 NIPS 法少，更容易控制。TIPS 尤其可用于难以采用 NIPS 法制备的结晶性聚合物（如 PVDF）微孔滤膜的制备。

（1）TIPS 制备膜蒸馏用平板分离膜

Tang[51] 等通过 TIPS 工艺，分别采用等规聚丙烯（iPP）、大豆油、己二酸作为聚合物原料、稀释剂、成核剂制备疏水性 PP 平板分离膜，并将其应用在真空膜蒸馏（VMD）脱盐中。实验对 iPP 浓度、iPP 熔融指数以及成核剂浓度对最终膜孔结构和性能的影响进行了研究。实验结果表明，所制备的 PP 膜横截面是蜂窝状孔的皮层和树枝状孔的亚层组成的非对称结构，VMD 中 PP 膜对 0.5mol/L NaCl 的截留率大于 99.9%。相较于萃取浴温度，稀释剂浓度对制备较窄孔径分布（0.02~0.2μm）的 PP 疏水性膜（WCA = 110°）起到重要作用。研究人员在后期工作中采用数学模型对 VMD 过程的传递机理进行了模拟，并对 VMD 操作参数进行了优化[52]。

（2）TIPS 制备膜蒸馏用中空纤维膜

作为一种半结晶性聚合物的 PVDF，在传统 NIPS 过程中由于溶剂—非溶剂的双扩散，一般会产生大孔及大的指状孔结构，这极大地减小了 PVDF 膜的机械强度和稳定性，易在膜蒸馏长期使用中产生中空纤维膜的损伤破裂。一些学者成功采用 TIPS 法制备出 PVDF 中空纤维膜并用于 MD 中。Song[53] 等和 Wang[54] 等先后以 γ-丁内酯（γ-BL）和邻苯二甲酸二辛酯（DOP）组成混合稀释剂，经 TIPS 法制备 PVDF 中空纤维膜。Song[53] 基于 Flory-Huggins 方程和溶解度参数理论阐释 PVD 与稀释剂间作用参数及与相分离温度间的相互关系。通过三元相图预测了 PVDF 微孔膜中存在有半连续结构。当 PVDF 12.74%（质量分数）、DOP 58.44%（质量分数）及 γ-BL 28.82%（质量分数）时，所纺 PVDF 中空纤维膜截面呈互相连接的海绵状孔结构（图 2-5），此时膜 DCMD 脱盐性能最优，渗透通量达到 51.5kg/(m² · h)，NaCl 截留率 99.99%（料液温度 90℃）。Wang[54] 等指出随着纺丝液中 PVDF 浓度的增大，PVDF 中空纤维膜平均孔径和孔隙率均降

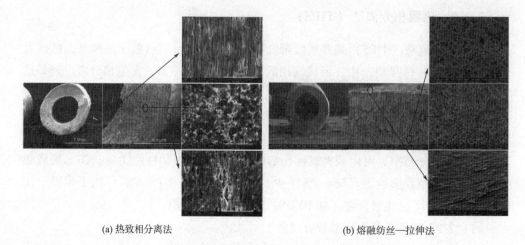

(a) 热致相分离法　　　　　　　　　　　(b) 熔融纺丝—拉伸法

图 2-5　不同制备方法 PVDF 中空纤维膜 SEM 照片

低，孔径分布向低维区域移动，机械强度提高，DCMD 水通量降低。随着 DOP/γ-BL 比例增大，这些参数均则呈相反变化趋势。凝固浴温度升高，膜平均孔径和孔隙率均增加，孔径分布向高维区域移动，机械强度提高，DCMD 水通量增大。在优化后的纺丝条件下，PVDF 中空纤维膜 DCMD 水通量达到 77.6kg/（m² · h）（90℃），NaCl 截留率为 99.9%。

Lin[55] 等以三醋酸甘油酯（GTA）和邻苯二甲酸二辛酯（DOP）为混合稀释剂，经 TIPS 法制备 PVDF 中空纤维膜。当 PVDF/GTA/DBS 为 25∶22.5∶62.5（质量分数），凝固浴水温 20℃时，PVDF 膜呈半连续孔结构，膜孔隙率和机械强度分别达到 64% 和 2.7MPa。实验采用 7%（质量分数）的 NaCl 水溶液为原料，研究 AGMD 过程原料液温度、流速及膜组件长度对 AGMD 性能的影响，所纺 PVDF 膜 AGMD 最大水通量为 11.9kg/（m² · h），NaCl 截留率达到 99.9%。

2.3.3　蒸汽引发相分离法（VIPS）

蒸汽引发相分离法（VIPS）法相对简单，无需高温高压，溶剂的饱和蒸汽压对致密层的形成影响很大，需严格控制。通常采用常温或微温，选择合适溶剂溶解聚合物，形成均相溶液。气相（通常是水蒸气）作为非溶剂冷凝后，使原先的均相溶液发生相分离，然后转移到非溶剂相成膜。与 NIPS 不同，VIPS 在成膜阶段用高温、高湿度的水蒸气代替液态水凝固浴。因 N-甲基吡咯烷酮（NMP）和二甲基亚砜（DMSO）等溶剂与水蒸气相容性极强，很容易进行双扩散，从而得到多孔的膜结构。由于特殊的相分离过程，VIPS 法制膜用于平板膜或卷式膜居多，目前尚未有 VIPS 制备用于 MD 的中空纤维膜的报道，仅有学者通过 VIPS 法制备 MD 用中空纤维膜的前期平板膜报道。Peng[56] 等采用常规 VIPS 工艺制备疏水的双连续多孔聚砜（PSF）平板膜，并将其应用直接接触式膜蒸馏（DCMD）NaCl 水溶液脱盐中。实验研究了水蒸气接触时间、PSF 含量以及空气相对湿度对 PSF 膜结构以及脱盐性能的影响。水蒸气接触时间的增加导致 PSF 膜双连续多孔结构的消失，取而代之的是致密的皮层的结构，而且膜的渗透通量大幅度降低。研究人员指出在制备 PSF 中空纤维膜时，可以通过调整干程距离及挤出速率，有效控制初生纤维与水蒸气接触时间。

2.3.4 熔融纺丝—拉伸法（MS—CS）

熔融纺丝（MS—CS）将聚合物在高应力下熔融挤出，在后拉伸过程中，使聚合物材料中垂直于挤出方向平行排列的片晶结构被拉开形成微孔，然后通过热定型工艺（图 2-6）定型。目前，MS—CS 法主要用于聚集态结构较易控制的 PE、PP 中空纤维膜的制备。MS—CS 工艺制备的分离膜强度高，膜孔径分布较均匀。Mosadegh-Sedghi[57] 等采用 MS—CS 工艺制备了多孔的超疏水低密度聚乙烯（LDPE）中空纤维膜。不同比例的 $5 \sim 10 \mu m$ 的 NaCl 颗粒与 LDPE 颗粒混合，先在熔融挤出机中进行造粒，再进一步挤出得到中空纤维初生膜，然后将其浸没于 60℃ 的水中，洗去膜基体中的 NaCl。与不添加 NaCl 得到的 LDPE 膜相比，新工艺中引入高含量（质量分数68%）NaCl 纺制的 LDPE 膜，表面 WCA 由 98° 提高至 130°，这表明极大地改善了膜表面的疏水性。研究人员将其归因于由于 NaCl 的洗去在膜表面产生小突起，导致膜表面粗糙度增大。

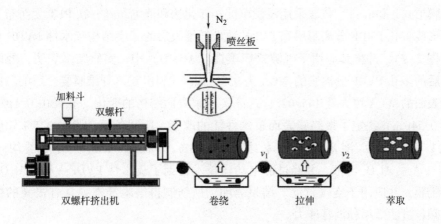

图 2-6 熔融纺丝—拉伸法制备中空纤维膜流程示意图

Shao[58] 等采用 MS—CS 法制备了疏水 PP 中空纤维膜，并将其应用于 VMD 处理低压反渗透（RO）海水淡化浓水中。结果表明所纺 PP 中空纤维膜呈狭缝状孔结构（0.3μm 长），最大孔径为 0.05μm。VMD 水通量达到 7.8kg/（m² · h），NaCl 截留率为 99.9%。之后研究人员又将所纺 PP 中空纤维膜用于 NIPS 常用溶剂 NMP 的浓缩回收应用中[59]。近年来，一些新的成膜材料被用于 MS—CS 纺制 MD 用中空纤维膜，如 PTFE—HFP。Chen[20] 等采用 MS—CS 法制备了 PTFE—FEP 中空纤维膜，并研究了拉伸比对膜结构的影响。结果表明拉伸比由 0 增大到 150%，纤维膜呈现明显的界面大孔（IFMs）结构，膜孔隙率增大，而纤维膜 LEP 和机械强度均有所降低。实验采用 VMD 对 NaOH 进行膜蒸馏实验，结果证实所纺 PTFE—FEP 中空纤维膜对 NaOH 截留率达到 99.0%（300g/L，80℃），水通量约为 6.2kg/（m² · h）。

2.3.5 静电纺丝法

作为一种特殊的纤维制造工艺，静电纺丝通过聚合物溶液或熔体在高压强电场作用下，针头处的液滴由球形变为圆锥形（即泰勒锥），并从圆锥尖端延展得到纤维细丝，最终固化得到微纳米级直径的纤维。由静电纺丝技术制备的纳米纤维膜是一种具有高孔隙率的微纳米级孔结构的多孔材料。静电纺丝得到的纳米纤维膜具有纤维直径小、孔隙率以及渗透通量大等优点，已经应用在膜蒸馏用疏水性分离膜的制备中。

（1）膜蒸馏用静电纺纳米纤维平板膜

膜蒸馏用静电纺平板膜一般是以无纺布或微/超滤膜为基体，通过静电纺丝工艺在其表面纺制疏水性纳米纤维膜。目前，绝大多数膜蒸馏用静电纺纳米纤维膜是平板膜形式。Prince[60] 依次采用浸没沉淀相转化法和静电纺丝，在 PET 无纺布表面先后形成多孔 PVDF 分离膜层和 PVDF 纳米纤维膜层的三层结构疏水性 PVDF 复合膜（图 2-7），并将其应用于气隙式膜蒸馏（AGMD）中。实验结果表明，经两层复合后的多孔 PVDF 分离膜的 WCA 为 93°，而经 PVDF 纳米纤维膜复合后的三层复合膜表面的 WCA 增大至 145.02°，这证实了膜表面结构的变化（孔径由 0.1μm 增大至 0.54μm）决定了最终膜表面疏水性能的改变。所制备复合膜对 3.5%（质量分数）的 NaCl 水溶液的脱盐率达到 99.98%。Vanangamudi[61] 制备了均一的 PVDF—Ag—Al$_2$O$_3$ 溶液，并经过静电纺丝技术得到了疏水性 PVDF—Ag—Al$_2$O$_3$ 纳米纤维膜，并应用于空气过滤。结果表明，所纺制得纳米纤维膜具有很高的抗菌性、颗粒过滤效率和消毒能力。

除了对常规疏水性聚合物材料进行静电纺丝制备疏水性纳米纤维膜以外，近年

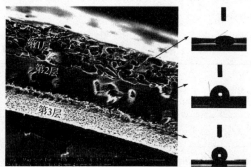

第3层 PVDF纳米纤维膜
第2层 PVDF相转化膜
第1层 PET无纺布

第1层
第2层
第3层

(a) 上表面SEM照片　　　　(b) 截面SEM照片　　(c) 每层表面静态水接触角

图 2-7　三层结构复合膜 SEM 照片

来一些新合成的疏水性聚合物材料也被应用于静电纺丝技术中。Gomes 和 Ponce[23]等合成了一系列含氟三唑聚合物（F—PT）和含氟芳香族聚噁二唑（F—POD），创新之处是将其用于燃料电池质子交换膜中。而由于这些含氟聚合物的高疏水性、低热传导率，以及高的热稳定性和尺寸稳定性，使得其完全可以作为疏水性分离膜用于 MD 中。Maab[24] 将这些新开发出来的含氟聚合物分别通过传统 NIPS工艺和静电纺丝工艺制备多孔膜和高孔隙率的纳米纤维膜，并将其应用在红海海水的 DCMD 脱盐中，实验相关结果见表 2-1。NIPS 法制备的 PVDF 膜的 WCA 为88°，相较之下，纳米纤维膜表面的疏水性要优于 NIPS 法制得的多孔膜，更优于传统 NIPS 法制备的 PVDF 膜。DCMD 实验中不同膜的渗透通量（测试温度为80℃）也呈现一致的结果，而所有膜的脱盐率均大于 99.95%。研究人员将 WCA与渗透通量的变化归因于不同制膜工艺得到的膜表面孔径、孔隙率、疏水性及粗糙度的不同。

（2）膜蒸馏用静电纺纳米纤维中空纤维膜

静电纺丝直接得到的纳米纤维膜形式是平板式，若将其制成具有中空腔且能够自支撑的中空纤维形式，则会大大提高 MD 使用过程中其自身的机械强度和膜组件的装填密度。近年来，有学者以中空编织管（外径 1.85mm，内径 0.17mm）为支撑体，通过静电纺丝工艺在其外表面覆盖致密的 PVDF—HFP 纳米纤维膜，最后经溶剂蒸发黏合将纳米纤维膜和中空编织管进行黏合后得到最终的静电纺中空纤维膜（图 2-8）[62]。该法以中空纤维的形式解决了静电纺纳米纤维膜机械强度弱、膜组件装填密度低的问题。溶剂蒸发黏合后的静电纺中空纤维膜的杨氏模量、断裂伸长和拉伸强度分别提高 117%、79% 和 90%。应用在 DCMD 处理

55℃、35g/L 的 NaCl 水溶液脱盐中，膜通量达到 13.2kg/（m² · h），NaCl 截留率稳定在 99.9%。

表 2-1　不同制膜工艺得到的含氟聚合物膜参数

参数	F—POD		F—PT	
	NIPS 膜	静电纺膜	NIPS 膜	静电纺膜
WCA/（°）	120	153	103	162
渗透通量/（kg · m⁻² · h⁻¹）	6	78	28	85
泡点压力/kPa	—	90	—	76
表面 SEM 照片				

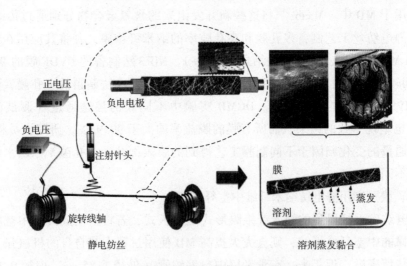

图 2-8　静电纺中空纤维膜制备流程示意图

2.3.6　烧结法

烧结法即采用非溶剂相转化成膜后经烧结成型。目前，烧结法多用于无机膜的制备，主要膜构型为管式和中空纤维式。

（1）烧结法制备膜蒸馏用管式膜

管式陶瓷膜制备工艺多采用粉末烧结法和溶胶—凝胶法（Sol—Gel）。由于膜表面大量—OH 的存在，大多数陶瓷膜材料具有亲水性[63]，而采用溶胶—凝胶法不仅可以调节陶瓷膜基层孔结构，还可以用做陶瓷膜的涂层对其进行疏水化改性。由于可用于陶瓷膜材料种类的限制，目前陶瓷膜制作工艺没有太大的变化。

（2）烧结法制备膜蒸馏用中空纤维膜

高分子中空纤维膜在热驱动下的膜蒸馏长期使用中，由于其本身热、机械及化学稳定性较弱，易产生膜结构破坏，引起膜性能严重下降。相较之下，无机膜材料具有稳定的综合性能且可以长期使用在苛刻环境中。由于与高分子材料截然不同的特性，无机中空纤维膜的制备一般通过高分子聚合物溶液作为黏合剂将无机粒子引入该体系中，后经常规 NIPS 法干—湿纺丝得到初生中空纤维，初生中空纤维经高温烧结将高分子黏合剂去除，并使无机粒子发生熔融黏结，最终得到多孔无机中空纤维膜。根据无机粒子与高分子黏合剂相混合方式的不同，烧结法制备无机中空纤维膜又可以分为溶胶—凝胶法和物理共混法。需要指出的是，多数无机膜材料尤其是陶瓷膜表面具有亲水特性，通常需进行疏水改性处理才能够作为疏水膜材料应用到膜蒸馏中。表 2-2 所列为近年来膜蒸馏用疏水无机中空纤维膜制备方法及性能。Al_2O_3 来源丰富，机械强度高，成膜性能优异，为制备无机陶瓷中空纤维膜常用膜材料之一。目前主要采用物理共混法将 50%~65%（质量分数）的 Al_2O_3 粉末与 6%~10%（质量分数）的 PES 黏合剂和 0.5%~1%（质量分数）的聚乙二醇 30 羟基硬脂酸酯（Arlacel P135）或 PVP 分散剂混合配制纺丝液，后经 NIPS 法纺制外径 2mm，内径 1mm 左右的初生中空纤维膜。初生中空纤维膜先后经 500~800℃ 及 1500℃ 左右烧结后得到 Al_2O_3 中空纤维膜，最后中空纤维膜经浸渍接枝硅氧烷进行化学接枝疏水化改性，所得中空纤维膜有着与 NIPS 法制备的高分子膜相似的非对称孔结构。

除了 Al_2O_3 外，一些其他无机材料也被用于膜蒸馏用中空纤维膜的制备。尽管陶瓷中空纤维膜的综合性能优异，但其原料及制备成本高，限制了其大规模的应用。近年来，由黏土和废弃材料开发低成本陶瓷膜材料成为陶瓷膜研究的热点之一[34,64]。Hubadillah[34] 等采用废弃稻壳灰为原料，与 PES 黏合剂、Arlacel P135 混合通过 NIPS—烧结工艺制备膜蒸馏用 SiO_2 基稻壳灰中空纤维陶瓷膜（CHFM）。初生 CHFM 膜净水洗干燥后，分别在 600℃ 和 1200℃ 温度下进行烧结，得到 CHFM 膜，后经化学接枝 1H，1H，2H，2H-全氟十七烷三甲基氧硅烷（FAS1）进行疏水化改性用于 DCMD 脱盐。Hubadillah[32] 采用 NIPS—烧结法制备高岭土中空纤维膜（KHFM），KHFM 经化学接枝 1H，1H，2H，2H-全氟十七烷三甲基氧硅烷（FAS1）进行表面疏水化改性，通过 DCMD 有效脱除水溶液中的砷。

表2-2 NIPS—煅烧法制备膜蒸馏用疏水无机中空纤维膜性能

无机膜材料	制备方法	黏合剂材料/前驱体	分散剂	疏水改性	膜蒸馏类型	原液情况	水通量/(kg·m⁻²·h⁻¹)	截留率/%
Al_2O_3		PES	Arlacel P135[36]	化学接枝 FAS1	AGMD，间隙 1cm	6.5% NaCl[a]，80℃	33.0	99.985
	物理共混	PES	PVP[63]	化学接枝 FAS2	VMD，真空侧 4kPa	4% NaCl，80℃	42.9	99.5
		PES	Arlacel P135[31]	化学接枝 FAS2	VMD，真空侧 −100kPa	10°Brix 蔗糖溶液，70℃	35.1	未测定[b]
高岭土	物理共混	PES	Arlacel P135[32]	化学接枝 FAS1	DCMD	1g/L As^{3+} 和 As^{5+} 水溶液，60℃	28	100
β-硅铝氧氮材料	物理共混	PES	AMPG[33]	化学接枝 FAS2	VMD	4% NaCl，80℃	10.4	99~100
SiO_2 基稻壳灰	物理共混	PES	Arlacel P135[34]	化学接枝 FAS1	DCMD	6g/L NaCl，60℃	38.2	99.9
CMS[37]	溶胶—凝胶	PI	—	—	DCMD	烯烃烷烃分离	—	—

注　Arlacel P135：聚乙二醇30羟基硬脂酸酯；FAS1：1H，1H，2H，2H-全氟十七烷三甲基氧基硅烷；FAS2：1H，1H，2H，2H-全氟辛基乙氧基硅烷；AMPG：O-(2-氨丙基)-O'-(2-甲氧基乙基)聚丙二醇；CMS：不对称碳分子筛；PI：聚酰亚胺。

a NaCl 为质量分数。

b 蔗糖溶液浓缩5倍。

如前文所述，膜蒸馏技术为了提高传热效率要求膜材料具有较高的热阻，Wang[33] 等将高强度高热阻的 β-硅铝氧氮聚合材料（$Si_{6-z}Al_zO_zN_{8-z}$，$z = 1 \sim 4$）应用到膜蒸馏用陶瓷中空纤维膜的制备中，通过 NIPS—烧结法将 α-Si_3N_4、Al_2O_3 和 Y_2O_3 混合粉末及分散剂 O-(2-氨丙基)-O'-(2-甲氧基乙基) 聚丙二醇（AMPG）、聚合物黏合剂 PES 混合后通过干湿法纺丝以水我凝固浴得到初生中空纤维，接着纤维在 1500~1700℃ 烧结成膜。所制备 β-硅铝氧氮中空纤维膜弯曲强度高达 450MPa，应用到 VMD 脱盐中，水通量明显提高。

与聚合物相比，金属具有优异的化学性能，结构和热稳定性好。此外，金属具有与其他材料截然不同的性质——导电性，利用导电性直接加热膜表面，而无需额外加热料液，从而极大限度的减小膜蒸馏过程温差极化，提高水通量。Shukla[65] 等采用 NIPS—烧结法制备了不锈钢 316L 不锈钢（SS）中空纤维膜，并用于 SGMD 浓缩蔗糖水溶液中。68%（质量分数）的 SS 粉末与 6%（质量分数）的聚合物黏合剂（PEI）、1%（质量分数）分散剂 PVP 混合，经干湿法纺丝后得到初生 SS 中空纤维膜。干燥后的初生纤维先后在 500~525℃ 及 1100℃ 烧结后得到 SS 中空纤维膜。最后纤维膜先后通过浸涂 PDMS 和脂肪酸对其表面进行疏水化改性。所制备疏水 SS 中空纤维膜可有效浓缩蔗糖水溶液，水通量达到 $0.2kg/(m^2 \cdot h)$。

（3）烧结法制备膜蒸馏用纳米纤维膜

对于难溶、难熔的高聚物材料，如聚四氟乙烯（PTFE）来说，不能采用常规高聚物膜的相转化及陶瓷膜的烧结制膜工艺。一些学者对疏水性能优异的 PTFE 成膜工艺进行了研究。由于采用乳液聚合可以得到 PTFE 高聚物本体的水分散液，因此直接将 PTFE 的分散液作为聚合物原料，引入成膜基体中即可进行常规相转化成膜，之后结合烧结工艺，将成膜基体去除掉即可得到多孔的 PTFE 分离膜。这种工艺中需在满足体系基本的成膜性或成纤性的基础上使成膜基体物质的含量尽可能的少些，所以探究 PTFE 和成膜基体间比例成为需要解决的关键问题。

2.4　新型膜蒸馏用分离膜制备方法

为了减小膜蒸馏过程中的传热损失，提高传质速率，除了上述对常规制膜工艺进行优化改性外，一些新型膜蒸馏用分离膜制膜工艺，如 CO_2 超临界引发相分离、共混纺丝法、冷压和异形纺丝等也逐渐得到应用。

2.4.1　新型膜蒸馏用平板膜制备方法

超临界 CO_2（$ScCO_2$）能够引发相分离，$ScCO_2$ 在相分离中可作为传统非溶剂水的替代物，其具有液体般的密度和气体般的扩散速率，因此可以在较短的时间内将溶剂从初生膜基体中置换出来。作为 NIPS 中一种新型的相转化成膜技术，相较于传统以液体水作为非溶剂的 NIPS 工艺，超临界 CO_2（$ScCO_2$）引发相分离法具有工艺简单、无需后处理及节能环保等优点，目前已将其应用在膜蒸馏用平板膜的制备中。图 2-9 为 $ScCO_2$ 相分离法制备疏水分离膜流程示意图。近年来，一些学者将这项技术应用在疏水性分离膜的制备中。Zaherzadeh[66] 等采用 CO_2 超临界引发相分离工艺制备了疏水性 PVDF 平板膜，并将其应用在 DCMD 脱盐中。实验研究了初始聚合物浓度、压力以及超临界流体温度等因素对 PVDF 膜结构和表面疏水性能的影响，并通过响应面法（RSM）对制膜工艺进行优化，使所制备 PVDF 膜适合于 DC-MD 的应用。实验结果表明，超临界流体温度较低时 PVDF 膜表面疏水性较强，而在超临界流体温度较高、压力及聚合物浓度较高时，所得 PVDF 膜平均孔径较小。在优化后的制膜条件下，PVDF 膜对 0.1mol/L 的 NaCl 水溶液的渗透通量达到 $10.191L/(h \cdot m^2)$，脱盐率达到 96.713%。

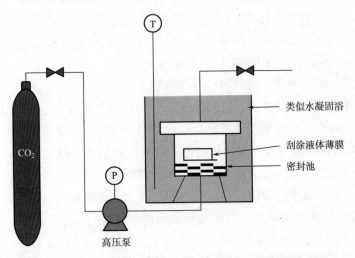

图 2-9　超临界 CO_2 相分离法制备膜蒸馏用平板膜流程示意图

2.4.2　新型膜蒸馏中空纤维膜制备方法

（1）共挤出纺丝法

共挤出纺丝法一般采用三孔环隙喷丝板（triple-orifice spinneret），通过干湿法纺丝工艺制备双层中空纤维分离膜。它是近三十年发展起来的一项新型制膜技术，图 2-10 为常用的共挤出纺丝工艺流程示意图。由于内外层可以通过改变纺丝液和凝固浴组成来变化内外层膜孔结构和材质，所以在过滤精度要求较高的反渗透、纳滤以及气体分离方面得到了一定的应用，而这些领域所使用的分离膜材料大多是亲水性材料，如用于纳滤膜的聚酰胺—酰亚胺（PAI）/醋酸纤维素（CA）[67]、聚苯并咪唑（PBI）/聚醚砜（PES）[68]。近年来通过共挤出纺丝法制备疏水性分离膜的工艺得到了一定的发展。

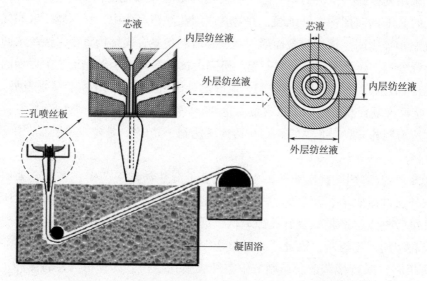

图 2-10　共挤出干湿法中空纤维膜纺丝工艺示意图

①聚合物/聚合物共挤出纺丝。在 DCMD 中，由于原料侧和渗透侧是直接接触的，所以这就要求分离膜的热传递阻力应当足够大不能有所损失。另外，为了获得高的渗透通量，可以通过调节疏水分离膜结构（减少膜的厚度或增大其孔隙率）来实现，这也一定程度上减小了热传递阻力。另外，膜结构的改变可能会使膜机械强度不能满足 DCMD 工艺的实际要求，而目前常用的疏水性膜材料，如 PVDF、PP 等已经具备较高的热传递阻力。因此，为了同时满足高的传质速率和热量传递阻力，一种双层疏水/亲水分离膜经共挤出纺丝工艺被开发出来。通过该工艺可以分别设计疏水层和亲水层膜的结构，以达到所纺制的复合膜能够同时满足高的传质速率和热量传递阻力的目的。Zhu[69] 等采用共挤出干湿法纺丝工艺，纺制了内外层分别为聚乙烯醇（PVA）/PVDF 共混物和 PVDF 的双层疏水/亲水中空纤维膜，并用于 DC-MD 脱盐中。实验研究了非溶剂添加剂聚乙烯吡咯烷酮（PVP）和丙三醇对外层PVDF 膜以及内层中 PVA/PVDF 共混比对最终膜孔结构、力学性能以及分离性能的影响，并通过能量色散 X 射线光谱仪（EDX）测定复合膜截面中从原料侧到渗透侧

Cl 元素含量的变化情况，进一步揭示了 DCMD 过程中这种新型复合膜微孔的润湿情况。

对于疏水/亲水双层中空纤维复合膜来说，由于膜材质不同导致的相分离过程存在差异，容易在两层界面处出现环隙，所以需要优化共挤出工艺以防止两层界面间出现的分层现象，使复合膜可以应用在常规膜分离领域中并保持性能稳定。Mao[70] 采用同样的共挤出纺丝工艺，纺制出外层是亲水的醋酸纤维素（CA）内层是疏水的 PSF 的双层中空纤维膜，并将其应用在渗透汽化中，异丙醇脱水和气液膜接触器中 CO_2 吸附。通过膜截面形貌观察到所制备复合膜结构紧密，亲疏水两层间没有出现分离，而是紧密贴合在一起。研究人员将其归因于纺丝工艺中后期的自然干燥使得 CA 脱水并发生 CA 分子间的氢键键合作用。渗透汽化实验结果表明：CA/PSF 中空纤维复合膜渗透侧中水含量高达 99.98%（质量分数）。气液膜接触器实验表明，所纺制的 CA/PSF 膜的 CO_2 渗透速率达到 3GPU❶，是常规单层 CA 中空纤维膜的 5 倍。

②聚合物/溶剂共挤出纺丝。常规 NIPS 干湿法纺丝工艺中，多数会采用水作为纤维外层的凝固浴，而水作为一种强非溶剂，其引发的快速相分离导致所纺制中空纤维膜外皮层结构致密、孔隙率低，通过调节芯液组成不能直接对中空纤维外皮层孔结构产生影响。因此，在共挤出工艺中，外层采用溶剂替代纺丝液的方法（两相流）来直接调节所纺制的中空纤维膜孔结构就具有相当大的优势，尤其是在气液分离膜接触器中，较大的膜孔径会产生一个低的气体传质阻力，即使膜具有较强的疏水性也会导致膜孔容易被水润湿，且膜孔径对表面粗糙度以及膜表面疏水性有着重要的影响。所以通过两相流共挤出纺丝工艺制膜，可以在保证膜孔不被润湿的前提下，制得孔径较大、孔隙率较高的疏水性分离膜，有利于膜渗透通量的提高。新加坡国立大学的 Bonyadi[71] 等人采用两相流共挤出纺丝工艺纺制了外层是高孔隙率结构的疏水性 PVDF 中空纤维膜，并将其应用在 DCMD 脱盐中。实验结果发现，经两相流共挤出纺丝工艺得到的 PVDF 膜表面 WCA 由常规纺丝工艺纺制得 PVDF 膜的 88° 提高至 130°，研究人员将其归因于膜表面孔隙率增大导致的粗糙度增加。实验采用质量分数 3.5% 的 NaCl 水溶液模拟海水，所纺 PVDF 膜对盐溶液的水蒸气渗透通量在 80℃ 时高达 $67kg/(m^2 \cdot h)$。Zhang[11] 等在干湿法纺丝工艺中采用三孔喷丝板，由外至内分别挤出溶剂 [N-甲基吡咯烷酮（NMP）]、纺丝液 [聚醚酰亚胺（PEI）]、芯液（NMP—水），经浸没沉淀相转化后得到的膜孔

---

❶ GPU 是膜分离领域中常用的单位，$1GPU = 10^{-6} cm^3/cm^2 \cdot s \cdot cmHg$，在标准状况下，即标准温度、标准压强下。

径为 0.03μm、孔隙率高达 81.2%。所纺制得 PEI 中空纤维膜表面 WCA 由常规工艺纺制得 PEI 膜的 107.2° 提高至 123.3°，在气液膜接触器中，膜对 CO_2 的吸附量明显得到提高。

③环形双层共挤出纺丝。对于在一些特定的膜分离领域中，在疏水/亲水双层中空纤维间引入环隙可以赋予双层中空纤维复合膜（即环形双层中空纤维复合膜）以特殊的功能。Li[72] 在早期的工作中指出在保证内层芯液的挤出速率在 1~1.5mL/min，可以得到双层中空纤维复合膜中间的环隙。Yang[73] 等采用共挤出纺丝工艺，分别以 PEG-200 和 PVP 调节内层 PVDF 和外层 PES 的膜孔结构，得到 PVDF 层和 PES 层间 40μm 环隙的 PES/PVDF 双层中空纤维复合膜。作者将 5g/L 的酵母培养液引入双层中空纤维复合膜的环隙处，中空纤维内部抽真空，营养液经由中空纤维外部循环 24h，酵母可在双层中空纤维环隙处的繁殖和附着。这种结构的中空纤维内层疏水 PVDF 膜可以将环隙中酵母繁殖时所产生的 CO_2 气体及时排除，而外层亲水的 PES 膜可以将酵母培养液中的细胞层从营养液中去除掉。这种环形双层中空纤维复合膜在生物催化反应领域有很好的应用前景。

（2）冷压纺丝

PTFE 具有优异的疏水性、力学性能及化学稳定性，是目前最适合用于 MD 的疏水膜材料。然而 PTFE 难以溶解于大多数溶剂，因而不能通过常规相转化工艺进行加工，而其在熔体时黏度非常高，导致其不能通过熔体纺丝方法加工成型。近年来，一种新型纺丝工艺——冷压纺丝（包括基础、拉伸和烧结等工序），被成功用于 PTFE 中空纤维膜的纺制，其基本纺丝工艺流程如图 2-11 所示。PTFE 树脂粉末与 20%~25%（质量分数）润滑剂异构烷烃（Isoparl G）于低温（35℃左右）混合并老化一定时间，以增加润滑剂的分散和 PTFE 的润湿，且防止 PTFE 过早纤维化。之后，混合物经过柱塞式挤出机高压室温挤出成预制中空管 [外径×内径×长为 (30~45)mm×(5~16)mm×(200~300)mm]。预制中空管经锥形挤出机室温高压挤

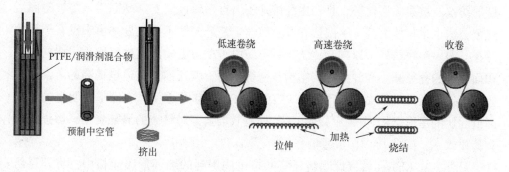

图 2-11　冷压纺丝法制备 PTFE 中空纤维膜示意图

出成中空纤维（外径×内径为 2mm×1mm 左右）。最后，中空纤维经高温（40～240℃）拉伸后，于 350℃下烧结成型。其中拉伸比和拉伸温度是影响最终 PTFE 中空纤维膜结构和性能的重要因素。

Zhu[74] 等采用冷压纺丝工艺制备膜蒸馏用疏水 PTFE 中空纤维膜，研究了拉伸比对 PTFE 膜结构与 VMD 脱盐性能的影响。结果证实在所研究的拉伸比下（120%～220%）PTFE 膜微观结构由互相连接的纤维状孔组成。拉伸比增大有利于增大膜孔径、孔隙率和 VMD 水通量，但使得 LEP 和膜力学性能下降，所制备 PTFE 中空纤维膜对 NaCl 截留率达到 99.9%。之后，Li[39] 等冷压纺丝法制备 PTFE 中空纤维膜拉伸条件（包括拉伸比和拉伸温度）对膜结构与 MD 性能的影响做了系统研究。拉伸早期形成撕裂孔，而后转变为微米级长纤维状孔，同时产生物纤维尺寸物理收缩。实验中研究人员建立了孔隙率预测模型评价膜孔隙率的变化。拉伸温度可以有效调节膜孔径且高拉伸比可以获得高孔隙率。综合得到，拉伸速率为 30%/s、拉伸比为 2.4 及拉伸温度为 40℃时，制备的 PTFE 中空纤维膜对 50℃、35g/L 的 NaCl 水溶液截留率高达 99.99%，水通量为 5.5kg/（m^2·h）。

（3）异形纺丝

异形纺丝即采用非圆形孔形喷丝板纺制不同于常规两个同心圆截面形状的异形中空纤维膜的方法。与圆形中空纤维相比，异形中空纤维的比表面积更大，应用于热驱动过程的膜蒸馏技术中，其宏观粗糙不平的表面可以有效增强料液的局部扰动，减小纤维表面的热边界层，增强传热效率，提高膜蒸馏渗透通量[75]。需要指出的是，除了采用非圆孔形喷丝板，在初生纤维阶段采用机械外力改变中空纤维外表面形状，也可以得到横截面非完全圆形的异形中空纤维膜。

西班牙马德里康普顿斯大学 M. Khayet 教授课题组开发出一种改良的干—湿法纺丝工艺，即湿—湿法纺丝（图 2-12）[75]。纺丝中采用三层插入管式星形喷丝板，该喷丝板是在共挤出用环形喷丝板基础上，将内层形状调整为星形[76]。纺丝中外层的纺丝液被凝固浴代替，且初生纤维外表面自喷丝板至外部凝固浴始终被凝固浴包覆，这也是与传统的干—湿法和湿法纺丝工艺最大的不同之处。由于没有干程的存在，湿—湿法纺丝可以抑制传统干—湿纺由于重力引发的初生纤维分子取向、堆积而导致的孔径减小和纤维皮层结构致密等不利于膜蒸馏渗透通量提高的因素。实验结果证实通过星形喷丝板得到的 PVDF—HFP 中空纤维膜外表面呈现明显的具有高低起伏的星形结构（图 2-12），该结构有效增强了对料液的局部扰动，增强传热和传质效率，提高 DCMD 水通量。

另外，M. Khayet 教授课题组还将共挤出法用到的圆环形喷丝板中，将外层纺丝液替代为空气进行纺丝，这类似于常规单孔插入管式喷丝板纺丝，不同的是干

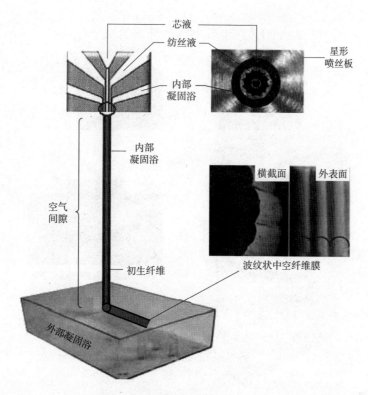

图 2-12　湿—湿法纺丝制备星形中空纤维膜示意图及其膜结构照片

程阶段的初生纤维是完全浸没于一个具有 27.5cm 高的特殊结构的圆柱形湿腔中（图 2-13）[75]。该湿腔内壁上环形均匀分布有可以向中心喷射水流的喷嘴，位于圆柱体中心位置的初生纤维外表面未完全固化成型，在喷射水流的冲击下，最终所纺 PVDF—HFP 中空纤维膜外表面形成许多大小不一的坑洞，通过电镜照片观察，这些坑洞内的孔较中空纤维膜表面平坦区域更大些。坑洞的形成既增大了膜表面的孔数量和孔径，又使膜蒸馏时与液体接触的湍流程度增大，膜传热、传质效率增强。

　　一般单孔中空纤维膜壁厚为 0.2μm 左右，在长期使用过程中易出现强度损耗、断丝及抗压性能变差等问题[77]。为了提高膜蒸馏过程渗透水通量，要求中空纤维膜具有高的孔隙率，而高孔隙率必然带来机械强度减弱的问题。为了克服孔隙率和机械强度的矛盾，得到同时具备高孔隙率和高机械强度的中空纤维膜，异形纤维尤其是多通道中空纤维（MBHF）的开发成为解决途径之一。多通道中空纤维膜纺制采用精度更高的多孔喷丝板，配以合适的计量泵、过滤器，纺丝过程需解决成膜过

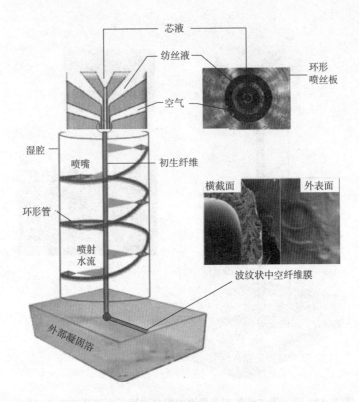

图 2-13　外表面波纹中空纤维膜制备过程示意图及其膜结构照片

程及卷绕应力不匀带来的多通道孔径不均一的问题。与单通道中空纤维膜相比，多通道中空纤维除了高机械强度外，在膜通量、装填密度及单位膜面积成本等方面都占优。

目前，多通道中空纤维膜制备仍多采用基于 NIPS 成膜过程的干湿法纺丝技术。Wang[78] 等通过设计喷丝板结构 [图 2-14（a）]，优化纺丝条件（包括芯液流速、纺丝液流速和卷绕速度）制备了莲藕根状七孔 PVDF 中空纤维膜 [图 2-14（b）]。所纺的多通道 PVDF 中空纤维膜体现出了优异的机械强度和弹性，即使 MBHF 膜壁厚仅为 40μm，最大负载仍高达 2.4N。DCMD 测试表明，MBHF 膜水通量 [15kg/（m² · h），70℃] 与 NaCl（质量分数 3.5%），截留率（99.998%）和单通道 PVDF 膜相差不多。在连续 300h 测量中，MBHF 膜蒸馏性能保持稳定，体现出良好的热和机械稳定性。之后，为了进一步提高 MBHF 膜的 LEP 和抗润湿性能，Lu[79] 等采用三通道喷丝板纺制 PVDF 中空纤维膜，并通过浸涂法在纤维外表面涂覆四氟乙烯共聚物（TeflonAF2400）超疏水涂层。实验研究了涂层对膜结构、DCMD 脱盐性能及抗润湿性能的影响。

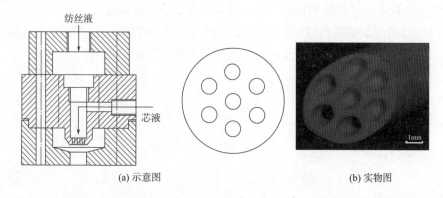

(a) 示意图　　　　　　　　　　　　　(b) 实物图

图 2-14　多通道喷丝板结构及多通道 PVDF 中空纤维膜截面照片

需要指出的是目前膜蒸馏用多通道中空纤维膜的研究已取得了一定进展，但多通道无机中空纤维膜的研究工作还有欠缺，而多通道是解决无机中空纤维膜制造成本高、膜装填密度小的重要途径。

2.5　本章结论

膜蒸馏技术以其特殊的分离原理而得到广泛应用。随着膜蒸馏研究的深入以及应用领域的拓展，作为直接决定膜蒸馏性能高低的疏水性分离膜的种类也在随之拓宽，要求也在日益提高。本章对膜蒸馏用分离膜构型、材料进行归纳，并综述其制备方法的研究进展。目前，传统膜蒸馏用分离膜制膜技术的优化改进、新型疏水性膜材料的开发和新型制膜技术的发展都取得了一定进展，这极大地扩充了膜蒸馏用疏水分离膜材料的种类、提高了其膜蒸馏性能。然而在膜蒸馏用分离膜制备中还存在一些亟待解决的问题：

（1）膜蒸馏用分离膜应同时具备强的疏水性，高的传质速率和热量传递阻力，有利于疏水性物质在其膜孔间的快速传递以及亲水性物质的高效阻隔。膜蒸馏用分离膜易受到污染，且往往膜通量不高。要在提高膜通量的同时保持其本身的机械强度和热稳定性。

（2）新型疏水性膜材料的种类需要扩展，目前仍多集中在 PVDF、PP、PTFE及其共聚物等。新型疏水性膜材料的合成与开发，可以从根本上解决膜材料的疏水性问题。相应的成膜机理仍需深入研究，有效调节和控制膜微孔结构，将其应用于膜蒸馏中。

（3）新型无机中空纤维膜，如多通道及其他异形结构膜亟待研究开发，这些手段是解决无机中空纤维膜制造成本高、膜装填密度小的重要途径。

（4）目前大多数膜蒸馏中空纤维膜尚处于小试或中试阶段，需要考虑其放大效应，如装填密度的扩大、纤维长度的增大等对膜蒸馏性能的影响。

第 3 章 膜蒸馏用分离膜改性技术研究

作为膜蒸馏技术的核心之一，疏水性分离膜以其特殊的疏水性及选择分离特性保证了膜蒸馏优异的分离性能。近年来，随着膜蒸馏技术的深入研究和进一步发展，对其所使用分离膜的疏水性提出了更高的要求，因此，对分离膜的疏水化研究已经成为当今膜科学领域的研究热点之一。为了获得超疏水化分离膜，除了继续研制合成新型疏水性成膜材料外，对现有分离膜进行超疏水改性，成为获得疏水性分离膜的一种经济而有效的途径。此外，如何保持其膜蒸馏性能的稳定性并延长分离膜的使用寿命，都成为膜蒸馏用分离膜的研究领域亟待解决的问题。基于表面疏水理论，改善膜蒸馏用分离膜的疏水性可以在膜表面引入低表面能物质。膜表面低表面能物质的引入可以通过在成膜基质中引入疏水性增强物质，经物理共混对分离膜进行从表面到内部的整体疏水化改性，或采用表面化学改性技术（如化学接枝和物理辐照接枝）将疏水性增强物质或基团引入多孔分离膜表面，或经由各种涂层工艺（如浸涂、旋涂、化学气相沉积法等），完成分离膜的疏水化改性。膜疏水性能的提高可以显著增强膜蒸馏性能，但要保持其膜蒸馏性能的稳定性并延长分离膜的使用寿命，就对分离膜的力学性能提出更高要求。本章主要基于膜蒸馏用分离膜疏水化改性及机械增强两方面，对分离膜改性技术进行概述，并综述了近年分离膜改性的方法。

3.1 疏水化改性

膜蒸馏过程要求分离膜是疏水性多孔膜，因此疏水性对膜蒸馏蒸汽通量的传递以及热侧与冷侧的物理隔离具有至关重要的作用。膜材料本身疏水性以及膜表面形态结构决定了分离膜表面的疏水性能。传统疏水性分离膜多是基于商业化相转化制备的 MF 膜进行开发的。如前文所述，传统疏水性膜材料主要为 PVDF、PTFE、PP 和 PE，在现有膜蒸馏用疏水性分离膜材料基础上对其进行疏水化改性，可以简单有效地拓宽膜蒸馏用分离膜材料种类，提高膜蒸馏性能并拓展膜蒸馏的应用领域。常用的分离膜疏水化改性方法有共混、表面化学接枝、物理辐照接枝和涂层等。这些方法大多是将低表面能的物质引入膜表面或（和）膜基体内部，从而实现膜蒸馏用分离膜疏水性的增强。水滴在具有低表面自由能的疏水性物质表面难以铺展开来，宏观表现为这些材料表面难以被水润湿。目前，在分离膜材料中用作疏水增强作用的物质主要有聚二甲基硅氧烷（PDMS）、聚甲基辛基硅氧烷（POMS）、含氟硅表面改性大分子（SMM）、纳米颗粒、二甲基苯并咪唑（DMBZ）、氟硅烷（FAS）、聚氨酯（PU）、聚（N-异丙基丙烯酰胺）（PNIPAM）、全氟聚醚（PFPE）等。表 3-1 列出了这些疏水性物质的使用情况。

表 3-1　分离膜中各种疏水性增强物质的使用情况

疏水增强物质	基膜	复合形式	膜形状	改性前后水接触角/（°）	应用领域
PDMS	PVDF	共混	平板	109.3	VMD，脱盐[80]
	PI	涂覆	平板	—	植物油水分离[81]
	PVDF/PP	涂覆	平板	65～105	芳香化合物/水分离[82]
	PVDF	共混	平板	85.5～127.2	VMD，脱盐[83]
烷基化 PDMS	PVDF	涂覆	平板	127.8	油水分离，苯/水，DMC/水[84]
PNIPAM	SPG	接枝	平板	0（29℃）40（150℃）	热敏型，疏水吸附蛋白[15]
含氟碳有机硅	SPG	接枝	管状	25～108	膜接触器，水中溶解氧脱除[14]
PTFE	碳纳米管沉积纸浆膜	涂覆	平板	124～155	VMD，脱盐[85]
PFPE	PA	涂覆	平板	45～150	DCMD，脱盐[86]
PU 嵌段 SMM	PES	共混	平板	65～105	DCMD，脱盐[87]
Si—Zr—C—N	Al$_2$O$_3$	气相化学沉积	平板	—	He/N$_2$ 分离[88]
SMM	PVDF	共混	纳米纤维膜	129.6～151.2	DCMD，脱盐[89]
氟化改性 SMM	PEI	共混	平板	94.4	AGMD，DCMD，脱盐[90]
FAS	TiO$_2$、Al$_2$O$_3$、ZrO$_2$	接枝	平板	30～136	PV，VOCs 去除[12]
TiO$_2$/FAS	PP	涂覆	毛细管	138.8～164.7	DCMD，VMD，脱盐[91]
FAS	Al$_2$O$_3$	接枝	中空纤维	40～110	膜接触器，CO$_2$ 捕集[92]
C8 化合物	ZrO$_2$	接枝	平板	25～160	AGMD，脱盐、油水分离[93]
C6 化合物	Al$_2$O$_3$、TiO$_2$	接枝	平板	15～142	PV，VOCs 去除[94]

疏水增强物质	基膜	复合形式	膜形状	改性前后水接触角/(°)	应用领域
TYR	PVDF	接枝	平板	125	膜催化，废水中酚类化合物去除[95]
DAMP	PVDF	接枝	平板	137~163	膜催化，对硝基苯酯催化[96]
纳米 SiO₂	PDMS/PVDF	共混	平板	107	PV，DMC/甲醇分离[97]
硅烷耦合纳米 SiO₂	PVDF	共混	平板	98.2~102.7	水中溶解氧去除[98]
DMBZ 接枝纳米沸石 ZIF-8/PDMS	PVDF	涂覆	平板	67~123	丙烷/N₂ 分离[99]
ZSM-5 沸石颗粒	PDMS/PVDF	共混	平板	—	PV，水中有毒含氯 VOCs 去除[100]
SiNCO 纳米颗粒	Si₃N₄	接枝	平板	10~142	SGMD，脱盐[101]
甲基化纳米 SiO₂	Al₂O₃	涂覆	平板	45~120	纳滤，聚烯烃低聚物/己烷分离[102]
氟化纳米 SiO₂	PAI	涂覆	中空纤维	75.6~108.3	膜接触器，CO₂ 捕集[21]
黏土	PVDF	共混	纳米纤维膜	128~154.2	DCMD，脱盐[60]
纳米 Ag/烷基化 SiO₂	Al₂O₃，Y₂O₃，ZrO₂	涂覆	平板	—	H₂/CO₂ 分离[103]

注　PDMS：聚二甲基硅氧烷；PVDF：聚偏氟乙烯；VMD：真空膜蒸馏；PI：聚酰亚胺；PP：聚丙烯；DMC：二氯甲烷；PNIPAM：聚（N-异丙基丙烯酰胺）；SPG：Shirasu 多孔玻璃膜；PTFE：聚四氟乙烯；PFPE：全氟聚醚；PA：聚酰胺；DCMD：直接接触式膜蒸馏；PU：聚氨酯；SMM：含氟硅表面改性大分子；PES：聚醚砜；PEI：聚醚酰亚胺；AGMD：气隙式膜蒸馏；FAS：氟硅烷；PV：渗透汽化；VOCS：可挥发性有机化合物；C8 化合物：1H，1H，2H，2H-全氟癸基三乙氧基硅烷；C6 化合物：1H，1H，2H，2H-全氟辛基三乙氧基硅烷；TYR：酪氨酸酶；DAMP：1，5-二氨基-戊烷；DMBZ：二甲基苯并咪唑；ZIF：沸石咪唑框架。

3.1.1　共混

　　共混法即采用物理或化学的方法将疏水性物质与常规膜主体材料混合后经制膜工艺得到疏水性分离膜，该法被认为是最简单有效的膜疏水化改性方法。与其他疏水化改性方法相比，共混改性可选择疏水性物质广泛，不仅可以显著改善原分离膜的疏水性能，形成具有超疏水性能的分离膜，而且可以极大地降低疏水性成膜材料开发和研制过程中的费用，降低成本。不需要对分离膜材料进行预处理或者后处理，改性与制膜工艺同时完成，制备工艺简单，是一种简单、高效且使用广泛的分离膜疏水化改性方法，在聚合物分离膜的疏水化改性中经常使用。共混改性要求引入的疏水性增强物质与分离膜基体有很好的相容性，在发生相转化时不出现微观相分离，从而维持疏水化改性的持久性。目前，一些疏水性聚合物（如 PDMS、POMS、SMM 等）及粒子（绝大多数是无机粒子，如纳米 SiO_2，ZSM-5 沸石颗粒，黏土等）经常被用于分离膜的疏水化共混改性中。

（1）疏水性聚合物共混改性

将表面能低的聚合物溶解于疏水分离膜铸膜液本体中，经制膜工艺可得到聚合物疏水化增强的分离膜。所选择聚合物应具有强的疏水性能以及与基体膜材料良好的相容性能。目前，疏水性聚合物共混改性多用于膜蒸馏用平板膜共混疏水化改性中。由于其良好的成膜性以及化学稳定性，聚二甲基硅氧烷（PDMS）经常作为涂层用于分离膜表面疏水化改性。作为一种溶解性能良好的聚合物，PDMS 也可以很好地溶解在有机溶剂中而作为一种疏水化改性聚合物直接引入聚合物膜 PVDF、PI、PEI、PP、PES。Sun[83] 等采用磷酸三乙酯（TEP）和 N,N-二甲基乙酰胺（DMAc）、聚乙烯吡咯烷酮（PVP）作为 PVDF 的溶剂和致孔剂配制铸膜液，加入溶解于四氢呋喃（THF）的 PDMS 溶液，以水作为凝固浴，经非溶剂相转化法（NIPS）制备疏水性的 PDMS/PVDF 共混平板分离膜并用于真空膜蒸馏（VMD）实验中。实验研究了 PDMS 与 PVDF 共混比对分离膜结果与脱盐性能的影响。结果表明，随着共混膜中 PDMS/PVDF 共混比由 0∶100 增大至 1∶3，膜孔结构逐渐由指状孔转变为海绵状孔，膜孔隙率和平均孔径逐渐增大，膜表面接触角由纯 PVDF 的 80.2°增大至 111.7°，疏水性明显增强。共混膜对 20g/L 的 NaCl 水溶液的渗透通量由 9.5kg/（$m^2 \cdot h$）增大至 15.2kg/（$m^2 \cdot h$），截留率超过 99.9%。Zhang[80] 等采用类似的方法制备了 PDMS/PVDF 共混［PDMS∶PVDF=1%∶5%（质量分数）］平板分离膜，并用于真空膜蒸馏（VMD）实验中。实验研究了浸没凝固浴前液膜在空气中暴露时间对最终共混膜结构以及渗透性能的影响。结果发现，随着空气暴露时间由 10s 延长至 110s，共混膜逐渐呈现皮层为海绵状孔，亚层为指状孔的结构。膜孔隙率及孔径逐渐减小，膜表面疏水性降低［水接触角（WCA）由 109.3°减小至 102.6°］。共混膜对 20g/L 的 NaCl 水溶液的渗透通量由 16.54kg/（$m^2 \cdot h$）减小至 6.65kg/（$m^2 \cdot h$），截留率超过 99.9%。

为了增强疏水性增强物质与分离膜基体的热力学相容性，对常规聚合物改性剂进行疏水化接枝或共聚是一种有效的方法。近年来，基于高分子科学中的表面偏析原理，表面能极低的物质倾向于在空气/溶液界面处聚集，并以此降低系统的界面张力，多种表面能极低的表面改性大分子（SMM）被合成出来用于超疏水性分离膜的制备中。传统的 SMM 分子是采用聚氨酯化学合成和含氟端基技术得到的一种低聚氟聚合物，通过调节 SMM 分子中软硬段比例可以获得亲水或疏水的性能。为了获得更加疏水的膜表面，Suk[87] 等将传统的 SMM 中的软段由聚苯醚（PPO）替代为 PDMS，合成出一种新型的 nSMM（图 3-1），并通过共混—NIPS 工艺引入 PES 膜基体中。实验研究对 NIPS 制膜工艺对新型 nSMM/PES 共混平板膜结构的影响，并将其应用在 VMD 乙醇/水分离中。结果表明，共混膜表面 WCA 由纯 PES 的 65° 增大至 105°。在 2000Pa 压力下共混膜的渗透通量以及分离因子分别达到 0.0009kg/（m² · s）和 2.1。

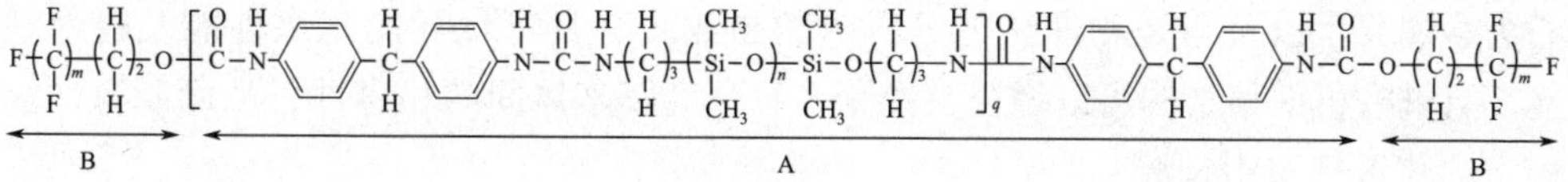

图 3-1　nSMM 的化学结构图
A—软段　B—硬段

Essalhi[90] 等将经氟化改性的 SMM 大分子引入聚醚酰亚胺（PEI）平板膜中，并应用于直接接触式膜蒸馏（DCMD）以及气隙式膜蒸馏（AGMD）中。实验发现 SMM 分子在 PEI 膜表面的聚集使共混膜表面疏水性大大增强，并使共混膜孔径和粗糙度降低。测试结果表明共混膜疏水分离层仅为 4μm，较小的传质阻力导致水蒸气可以很快通过疏水分离膜。在 AGMD 实验测试中，SMM/PEI 共混膜对 30g/L 的 NaCl 水溶液的水通量和截留率分别达到 14.9kg/（m² · h）和 99.4%。共混膜较小的传至阻力导致在 DCMD 测试中相较于 AGMD 更高的水通量（高 2.7~3.3 倍）。

（2）疏水性粒子共混改性

将表面能低的粒子均匀分散在疏水分离膜铸膜液本体中，经制膜工艺可得到粒子疏水化增强的分离膜。所选择聚合物应具有良好的分散性、强的疏水性能以及与基体膜材料良好的相容性能。共混粒子需要解决的最关键问题是粒子与膜主体材料间的相容性及其在膜基体中的分散性。相容性好则意味着共混膜在长期使用中性能会性能保持更久，且在成膜过程中不会因微观相分离而影响膜孔结构甚至膜基体机械强度的下降。分散性好则能最大程度发挥共混物质的疏水性能和作用。采用纳米级别的共混粒子以及超声分散作用可以有效增强共混物之在分离膜主体中的分散，而对共混物质进行烷基化可以有效增强其与 PP、PVDF 等膜主体材料的相容性。

①膜蒸馏用平板膜共混疏水性粒子共混改性。具有疏水性质的无机颗粒可以通过减小颗粒尺寸或增强其与分离膜基体的相容性的方式对分离膜进行疏水化改性。

减小颗粒尺寸可以通过在分离膜本体中引入纳米尺寸的无机颗粒实现，纳米粒子具有极高的比表面积、小的尺寸，在一定程度上可以实现高米尺度的无机颗粒在聚合物分离膜基体中极好的分散性，从而制备出疏水性能均匀一致的分离膜。将疏水性无机纳米粒子与聚合物铸膜液混合，经刮膜工艺即得到平板式混合基质膜（MMMs）。增强无机颗粒与分离膜基体间的相容性可以通过对现有纳米无机颗粒进行疏水化接枝实现，从而实现分离膜的疏水化改性并使之更加持久有效。因此，在采用无机粒子对分离膜进行疏水化共混改性时，往往需要预先对无机纳米粒子进行疏水化改性。除了采用常规的疏水性无机粒子对分离膜进行共混改性外，近年来一种金属有机框架组织（MOFs）作为特殊的疏水性增强粒子被引入分离膜基体中制备疏水性 MMMs 膜。与传统无机粒子相比，MOFs［如沸石咪唑框架（ZIF）］由中心为金属元素以及与之相连接的各种有机链组成，具有优异的疏水性能及吸附性能，且其有机框架结构可以增强其余聚合物分离膜基体间的相容性，从而制得性能稳定的疏水性 MMMs 膜。

②膜蒸馏用中空纤维膜共混疏水性粒子共混改性。Mokhtar[104] 等直接采用疏水性硬石膏 15A 与 PVDF 溶液共混的方法，经干湿纺制备疏水化改性中空纤维膜。所制备 PVDF 膜用于 DCMD 处理纺织工业纺纱废水。研究人员将膜蒸馏处理结果与其他压力驱动膜分离过程进行比较，发现 DCMD 处理效果在色度、电导率、浊度、溶解性固体总量（TDS）、化学需氧量（COD）及 5 日生化需氧量（BOD$_5$）等方面都要优于 MF 和 UF，接近 RO。实验中，研究人员研究了 160min 内膜水通量的变化情况，水通量基本保持稳定。40h 长期测试结果，显示水通量在 15h 即下降了近 80%，而有机物去除率则保持稳定。研究人员将通量下降归因于膜表面受到的严重污染。

Hou[105] 等将经十八烷基磷酸二氢酯疏水化改性的纳米 CaCO$_3$ 添加到 PVDF 纺丝液中，以 LiCl 和 PEG 为致孔剂经干湿法纺制 PVDF 中空纤维膜。实验发现良好分散的 CaCO$_3$ 的引入使 PVDF 膜表面粗糙度增加、膜孔隙率增大、力学性能提高。DCMD 脱盐结果表明，改性 PVDF 膜对 3.5%（质量分数）、80.5℃的 NaCl 水通量达到 46.3kg/（m^2·h）。Lu[106] 将正丁胺疏水改性的氧化石墨烯（GO—NBA）经 90min 超声分散后与 PVDF 纺丝液共混经干湿法纺制中空纤维膜。相比未改性氧化石墨烯（GO），改性 GO 与 PVDF 膜基体有很好的相容性和分散性，导致改性 PVDF 中空纤维膜的拉伸强度和抗弯强度都有所提高，膜 LEP 和爆破压力分别提高 67% 和 15%。DCMD 脱盐结果表明，GO—NBA 改性 PVDF 中空纤维膜对 80℃、3.5%（质量分数）的 NaCl 水溶液截留率为 99.9%，水通量高达 61.9kg/（m^2·h）。

近年来，为了采用常规制膜工艺制备 PTFE 中空纤维膜，新加坡国立大学 Chung Tai-Shung 教授课题组将 PTFE 颗粒通过共混添加的方式引入可以通过常规相转化成膜的 PVDF 膜基体中，纺制 PTFE/PVDF 共混中空纤维膜。这样既利用了 PTFE 优异的疏水特性、机械及化学稳定性，也解决了 PTFE 难以通过常规溶液纺或熔体纺成膜的问题。课题组首先采用共混法将 50%（质量分数）的 PTFE 颗粒（直径<1μm）引入 PVDF 纺丝液中，经 NIPS 法制备膜蒸馏用无大孔结构的 PTFE/PVDF 中空纤维膜[107]。实验发现，较大的纺丝干程（4cm）可以有效减小中空纤维膜壁厚、提高孔隙率，进而提高膜水通量［达到 40.4kg/（m² · h）］。所制备共混膜的传热效率（EE）达到 80%（80℃、质量分数 3.5% 的 NaCl 水溶液）。之后，课题组又将此法引入 PVDF 中空纤维双层膜的构建中。Wang[108] 等为了制备内层结构为完全发展的指状孔、外层为致密的海绵状孔的双层中空纤维膜，通过共混法分别将 PTFE 颗粒和疏水硬石膏 20A 引入外层 PVDF 膜和内层 PVDF 膜结构中，通过 NIPS 法经共挤出后制得双层结构的 PVDF 中空纤维膜。该膜的特殊结构使得膜蒸馏传质和传热效率大大加强，DCMD 测试膜水通量高达 98.6kg/（m² · h），且膜具有良好的抗润湿性能。研究人员将其归因于外层 PTFE/PVDF 膜的高驱动力和内层 PVDF 膜低的传质阻力二者的耦合作用机理。NIPS 法成功开发 PTFE/PVDF 共混中空纤维膜后，课题组将共混 PTFE/PVDF 中空纤维膜组件进行优化后应用在冷冻脱盐（FD）—膜蒸馏（MD）耦合工艺中处理 FD 浓盐水，取得了 75% 的水回收率[109]。最近，课题组又采用 TIPS 法制备膜蒸馏用 PTFE/PVDF 共混中空纤维膜[110]。实验研究了 PTFE 颗粒添加量对 PVDF 纺丝液和膜结构的影响。结果发现在成膜过程中 PTFE 颗粒起到成核粒子的作用，随着 PTFE 成核粒子含量增加，PVDF 晶体逐渐增多，膜结构中出现更多更小高强度的球状结构，膜拉伸强度可增大至（9.4±0.3）MPa。DCMD 脱盐结果表明，共混膜对质量分数 3.5%、60℃ 的 NaCl 水溶液截留率达到 99.99%，水通量为 28.3kg/（m² · h）。相较 PVDF 中空纤维膜，共混膜在长期 DCMD 测试中力学性能能够保持稳定。

③膜蒸馏用静电纺纳米纤维膜共混疏水性粒子共混改性。目前应用于静电纺纳米纤维膜制备的主要是 PVDF 和 PTFE，将一些疏水性纳米粒子，如纳米 SiO_2、纳米 Al_2O_3、碳纳米管（CNTs）、氧化石墨烯（GO）、蒙脱土（MMT）、含氟硅氧烷表面改性大分子以及石墨烯量子点（GODs）等引入常规聚合物纺丝液中，如 PVDF、PVDF—HFP 等，经静电纺可以得到疏水化改性的纳米纤维膜，表 3-2 所列为不同纳米粒子共混所得静电纺纳米纤维膜膜蒸馏性能指标。其中，石墨烯量子点是近年来发展的纳米级 GO 基材料，其由单层或小于几十层的石墨烯组成，尺寸小于 30nm，具有低毒性、稳定的光致发光性、化学稳定性和显著的量子限制效应等特性，被认为是生物、光电、能源和环境应用的新型材料。相较于 GO，GODs 更小的尺寸可以解决 GO 在纳米纤维膜中分散性不好的问题。Jafari[111] 等通过共混法将

表3-2 不同纳米粒子共混法静电纺纳米纤维膜 MD 性能指标

膜种类	纳米粒子种类	MD 类型	WCA/(°) 改性前	WCA/(°) 改性后	MD 操作参数	截留率/% 改性前	截留率/% 改性后	通量/(kg·m⁻²·h⁻¹) 改性前	通量/(kg·m⁻²·h⁻¹) 改性后	文献
PVDF—HFP	SiO₂	DCMD	148	155	35g/L NaCl, 80℃	99.99	99.99	37.5	48.6	[112]
	FTES—CNTs	DCMD	142.9	150.5	35g/L NaCl, 60℃	—	—	31	34.5	[113]
	CNTs	DCMD	149	158.5	35g/L NaCl, 60℃	99.99	99.99	28	29.5	[114]
	GO	AGMD	142.3	162	35g/L NaCl, 60℃	99.99	100	13.2	22.9	[115]
	FTES—TiO₂	DCMD	143.5	149	70g/L NaCl, 60℃	99.99	99.99	40	40	[116]
	O—Al₂O₃	AGMD	124	150	空气间隙 8 mm, 60℃, 1g/L 硝酸铝	—	99	—	19.5	[89]
	Al₂O₃	AGMD	132	150	空气间隙 8mm, 60℃, 1g/L 硝酸铝	73.2	99.36	18.5	19.8	[117]
PVDF	SMM/PVP	DCMD	129.6	151.4	35g/L NaCl, 60℃	99.97	99.98	3.2	10.8	[89]
	MMT	DCMD	128	154.2	35g/L NaCl, 60℃	99	99.9	5.3	5.7	[118]
	GODs	AGMD	131.9	121	空气间隙 2mm, 35g/L NaCl, 60℃	99.5	99.7	14.7	17.6	[63]

注 FTES—CNTs: FTES 疏水化 CNTs; FTES—TiO₂: FTES 疏水化 TiO₂; O—Al₂O₃: 硬脂酸疏水化纳米 Al₂O₃; PVP: 聚乙烯吡咯烷酮。

GODs 引入静电纺 PVDF 纳米纤维膜中，改性 PVDF 纳米纤维膜 AGMD 工艺处理 60℃、质量分数 3.5% 的 NaCl 水溶液的水通量为 17.6kg/（m² · h），较未改性 PVDF 纳米纤维膜提高了 20%。但实验发现 GODs 的引入使得 PVDF 纳米纤维膜表面疏水性略有下降，这也使得其膜孔润湿现象在 MD 操作 4h 后十分明显。开发疏水化的 GODs，使其在保持良好分散性的同时解决膜孔润湿问题，使这种新型 GO 基纳米材料更广泛地应用到 MD 中。

要进一步提高纳米纤维膜表面疏水性，可以对纳米粒子进行疏水化改性后再引入静电纺纳米纤维膜中。如异硬脂酸疏水化纳米 Al_2O_3、1H，1H，2H，2H-全氟辛基三乙氧基硅烷（FTES）疏水化 CNTs 及 FTES 疏水化纳米 TiO_2 等，这些疏水化纳米粒子可以有效提高纳米纤维膜表面疏水性和膜蒸馏水通量。Lee[113] 等将 FTES 改性 CNTs 引入静电纺纳米纤维膜后，MD 水通量明显提高。研究人员将为其归因于膜疏水性的提高，导致的膜孔内部努森扩散和分子扩散增强所致。由于是共混疏水化改性，纳米纤维膜表面及孔内部疏水性均会得到增强。膜孔通道内部疏水性的提高使得其对水蒸气分子的排斥效应增强，即水蒸气分子在通过膜孔道时其与膜孔壁的碰撞及水蒸气分子间的碰撞都将减少，水蒸气分子间的摩擦及其与膜通道孔壁的摩擦都会大幅度减弱。因此，水蒸气以黏性流的方式快速通过膜孔通道。最终，膜蒸汽通量得到大幅度提高。Prince[60] 等将经季铵化改性的蒙脱土（MMT）引入 PVDF 铸膜液中，经静电纺丝工艺得到 PVDF—黏土复合纳米纤维膜，并应用于 DC-MD 脱盐中。实验研究了 MMT 含量对复合纳米纤维膜结构与性能的影响。结果表明，MMT 含量的增加使 PVDF 膜表面 WCA 由 128.0° 增大至 154.2°，膜表面疏水性能大大增强。复合纳米纤维膜中孔径及纤维直径也随着 MMT 含量增加而逐渐增大。DCMD 实验结果表明，MMT 共混 PVDF 复合纳米纤维膜对质量分数 3.5% 的 NaCl 水溶液的渗透通量可以达到 5.75kg/（m² · h），较纯 PVDF 纳米纤维膜有明显提高，脱盐率超过 99.9%。

除了将纳米粒子与静电纺纳米纤维膜共混外，有学者将 PTFE 粉末引入 PVDF 纺丝中，经静电纺丝得到 PTFE/PVDF 共混纳米纤维膜[119]。共混膜表面 WCA 和 LEP 均有明显提高，分别由 PVDF 膜的 130.4° 和 84kPa 提高至 152.2° 和 137kPa。应用到 VMD 对 60℃、质量分数 3.5% 的 NaCl 水溶液脱盐，膜水通量连续 15h 稳定在 18.5kg/（m² · h），截留率在 99.9% 以上。

3.1.2 表面化学接枝

表面化学接枝即通过化学键将疏水基团与分离膜表面结合起来，从而达到分离膜表面疏水化改性的目的。相较于其他疏水化改性技术，如共混、涂层等，疏水基团与分离膜基体是通过化学键键合在一起的，二者结合度大大提高，疏水基团不会随外界环境的改变而流失，且化学接枝费用较低，所以化学接枝技术无论在性能稳定性和使用寿命上均占据优势，是目前膜蒸馏用分离膜表面疏水化改性的主要方法之一。采用化学接枝法对分离膜进行疏水化改性的疏水性物质主要有六甲基二硅醚（HMDSO）、含氟异丙醇如 1，1，1，3，3，3-六氟-2-异丙醇（HFIP）、二甲基苯并咪唑 DMBIM、含氟硅氧烷（FAS）如 1H，1H，2H，2H-全氟辛基三乙氧基硅烷、十七氟-1，1，2，2-癸基三甲氧基硅烷、1H，1H，2H，2H-全氟辛基三乙氧基硅烷、十七氟-1，1，2，2-癸基三甲氧基硅烷、氟碳硅氧烷 CF_3（CF_2）$_3$（CH_2）$_2SiCl_3$ 及 $C_{12}F_{25}C_2H_4Si$（OEt）$_3$、苯乙烯、硅烷偶联剂（OcTES）及 1，5-二氨基-2-甲基戊烷（DAMP）等。化学接枝的基膜可以是常规聚合物膜，如 PVDF、PES、PTFE、PE、PP 及传统陶瓷膜，如氧化铝、TiO_2 等。近年来，随着基膜材质种类的不断扩展，通过特殊工艺制得的一些新型基膜，如聚丁二酸丁二醇酯（PBS）[120]、黏土[121] 及 Shirasu 多孔玻璃膜（SPG）[14] 等也被用于疏水化改性。

目前，采用表面化学接枝法对中空纤维膜进行疏水化改性成为膜蒸馏用分离膜表面化学接枝法疏水化改性的研究热点。常采用膜表面羟基化后通过浸涂工艺将反应液引入膜表面后发生化学反应，得到表面接枝改性的疏水化中空纤维膜（图 3-2）。如通过 LiOH 和有机 $NaBH_4$ 连续还原后将—OH 引入 PVDF 中空纤维膜表面，后经与全氟聚醚乙氧基硅烷反应形成共价键，得到含氟硅氧烷疏水化改性的 PVDF 中空纤维膜[122]。改性膜用于 DCMD 脱盐中，较未改性 PVDF 膜的疏水性和机械强度有明显提高（WCA 由 88° 提高至 115°，拉伸模量由 44.6MPa 增大至 45.06MPa），对质量分数 3.5% 的 NaCl 水溶液处理一个月，产水电导率始终保持在 $1\mu S/cm$ 以下。除了对高分子中空纤维膜进行表面接枝改性外，由于多数无机陶瓷中空纤维膜表面的大量羟基赋予其本身亲水特性，通过表面接枝疏水性基团，可以较容易地对其表面进行疏水化改性。常用于中空纤维陶瓷膜表面接枝进行疏水化改性的物质为全氟烷基硅氧烷（FAS）。如表 3-1 所列，可通过表面接枝将不同种类的 FAS（全氟十七烷三甲基氧硅烷，全氟辛基三乙氧基硅烷）引入中空纤维陶瓷膜表面。

目前对膜蒸馏用静电纺纳米纤维膜的表面化学接枝法研究较少，这可能是基于目前用于 MD 静电纺纳米纤维膜的常规材料是 PVDF 及其含氟共聚物如 PVDF—HFP，这些聚合物膜表面惰性较强，活性化学基团较少。可以借鉴传统相转化 PVDF 膜表面接枝改性技术，首先将化学活性强的基团如—OH 引入 PVDF 分子链上，再进行疏水化链段化学接枝[123-124]。

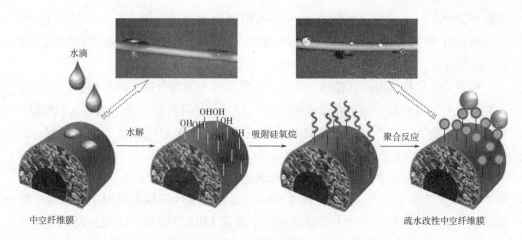

图 3-2　表面化学接枝法对中空纤维膜表面疏水化改性示意图

3.1.3　物理辐照接枝

常规表面化学接枝方法往往需要大量的有机溶剂，一般采用热处理工艺，对环境及实验仪器有较高要求，且通常难以获得较高的接枝率，而绿色高效的物理方法如等离子体辐照技术在表面接枝中得到应用。物理辐照技术如紫外线（UV）、低温等离子体（plasma）和高能电子束（electron beam）、微波以及光等产生的射线可以电离或激发疏水性物质产生活化原子或分子，并与分离膜间发生一系列分解、聚合及交联反应，从而将疏水性物质或基团引入分离膜表面，达到分离膜疏水化改性的目的。相较于传统改性技术，物理辐照技术具有高效以及操作简单等优势，通过调节辐照时间、剂量以及选择合适的疏水性物质即可以在分离膜表面引入疏水性物质或基团。整个过程无需使用大量有机溶剂、催化剂或其他添加剂，对基体材料力学性能影响较小，是现今表面改性技术的研究热点之一，具有广阔的发展前景。目前，大多数采用物理辐照技术对分离膜改性的研究都集中在膜表面亲水性的提高上，仅有较少学者对采用辐照技术提高分离膜表面疏水性能做了研究。由于聚合物分离膜表面经辐照后可以较容易地产生活化点，并与疏水性物质发生反应。所以，目前采用物理辐照技术对分离膜进行疏水化改性的研究多集中在聚合物分离膜上，如 PVDF、PTFE、PBS[120] 及 PLLA[125] 等。含氟化合物具有较低的表面能，常作为等离子体辐照单体而用于分离膜表面疏水化改性。

（1）膜蒸馏用平板膜表面物理辐照接枝疏水化改性

Wei[126] 采用 CF_4 等离子体技术对 PES 平板膜表面进行疏水化改性，并将所得疏水化 PES 膜用于直接接触式膜蒸馏中。实验研究了等离子体改性条件，包括等离子体辉光放电功率及辐照时间对 PES 分离膜结构和渗透性能的影响。结果表明，PES 膜表面 WCA 由接近 0 增大至 120°，膜疏水性能大幅度提高，在 4% 的 NaCl 的 DCMD 实验中，分离膜渗透水通量在 63.3℃时达到 45.4kg/（m² · h）。

然而 CF₄ 价格昂贵且有毒性，且直接采用等离子体聚合所需时间较长、耗能高且会严重刻蚀膜表面。为了克服这些缺点，Xu[127] 采用长距离动态低温（LDDLT）等离子体流技术，经活化后的 PVDF 平板膜表面可以很好地接枝硅烷偶联剂。经 LDDLT 等离子体流处理后的 PVDF 膜表面 WCA 由 70.1°增大至 121.0°。在真空膜蒸馏分离 5% 乙醇/水实验中，改性 PVDF 膜渗透通量和分离因子分别由 3.19kg/（m² · h）和 4.94 增大至 5.39kg/（m² · h）和 8.50。膜表面疏水性的提高归因于疏水性硅烷偶联剂接枝率的增大，研究人员将其归因于采用 LDDLT 等离子体流处理 PVDF 膜表面产生大量的—OH 和—O—O—基团（图 3-3）。Tur[128] 采用射频等离子体处理 PES 膜表面接枝六甲基二硅醚（HMDSO）和 1，1，1，3，3，3-六氟-2-异丙醇（HFIP），经疏水化改性的 PES 膜用于废弃葵花籽油中甲醇的分离。研究人员测量了水和 PES 膜界面自由能 γ_{Sw} 表征改性前后膜表面疏水性变化。高的 γ_{Sw} 值意味着水与固体界面间的相互作用弱，即固体表面疏水性较强。经等离子体改性后的 PES 膜表面 γ_{Sw} 值由 7 增大至 34，疏水性大幅度提高。

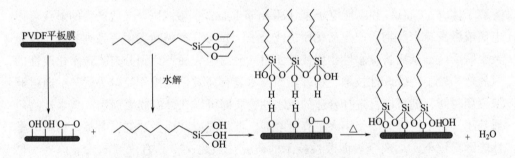

图 3-3　LDDLT 等离子体流技术疏水化改性 PVDF 平板膜示意图

（2）膜蒸馏用中空纤维膜表面物理辐照接枝疏水化改性

等离子体表面接枝利用高效、简便、气氛可调、低成本和环境友好的大气压放电等离子体技术，在可控条件下将疏水基团引入中空纤维膜表面。如 Yang[123] 等以 1H，1H，2H，2H 丙烯酸全氟癸酯为单体，在 P2i 等离子体引发下接枝到 PVDF 中空纤维膜表面。改性膜用于 DCMD 脱盐中，与未改性 PVDF 膜比较，膜表面 WCA 由 88°提高至 105°，拉伸模量略有降低，断裂伸长由 98.6% 增大至 121.94%，对质量分数 3.5% 的 NaCl 水溶液处理一个月，产水电导率适中，保持在 1μS/cm 以下。

另外，对现有亲水性中空纤维膜进行疏水化改性，将疏水/亲水特性结合起来，在提高膜蒸馏效果的同时减小热损失，增大传质。Wei[126] 等采用 CF_4 等离子体表面接枝改性亲水 PES 中空纤维膜，并将所改性膜用于 DCMD 脱盐中。结果表明，PES 膜表面由完全亲水（WCA＝0）转变为疏水表面（WCA＝120°）。DCMD 测试结果表明，改性 PES 膜对 73.8℃、质量分数 4% 的 NaCl 水溶液截留率为 99.97%，水通量达到（66.7±4.9）$kg/(m^2 \cdot h)$。与文献报道的 PVDF 膜相比，水通量处于领先位置。连续测试 54h，未观察到因膜表面发生润湿而导致的水通量明显增大现象。

（3）膜蒸馏用静电纺纳米纤维膜表面物理辐照接枝疏水化改性

Woo[129] 等采用 CF_4 等离子体辐照技术在静电纺 PVDF 纳米纤维膜表面接枝新的 CF_2—CF_2 以及 CF_3 疏水性基团，膜表面能降低并体现出优异的疏水、憎油性能。改性 PVDF 纳米纤维膜应用在含有 0.7mmol/L 表面活性剂 SDS 的 AGMD 体系中（60℃、电导率 22.6μS/cm 的 RO 浓盐水，RO 原水为澳大利亚新南威尔士北海岸海水），表现出良好的抗润湿性以及高水通量［15.3L/$(m^2 \cdot h)$］和盐截留率（100%）。Yue[125] 同样采用 CF_4 等离子体技术，通过调节等离子体处理功率大小对 PLLA 静电纺纤维膜进行表面亲/疏水改性。实验结果表明，在等离子体处理过程中，PLLA 膜表面刻蚀和接枝过程同时发生。当等离子体处理功率较低时，PLLA 膜表面呈亲水性（WCA≈0），而当功率增大时（>200W），PLLA 膜表面由亲水性转变为疏水性（WCA 达到 116°）。研究人员将其归因于：在高功率等离子体处理过程中，PLLA 膜表面的刻蚀较少，进而提高了含氟基团在膜表面的接枝率，膜表面疏水性大大增强。

3.1.4　涂层

涂层是通过浸涂、刮涂、旋涂以及沉积等方式将具有疏水性质的薄层施加在多孔分离膜基体表面，得到疏水性复合膜，从而达到分离膜疏水化改性的目的。基膜结构与性能对复合膜的性能有着重要影响，应具有一定的孔径分布以提供涂层必需的机械强度和渗透性，且避免涂覆时涂层液过多浸没膜微孔。涂层所得复合膜可以将涂层和膜主体材料的优点结合起来，从而得到期望的表面特性和微孔膜结构。另外，可以将一些疏水性粒子引入涂层中，从而将进一步疏水化的涂层引入膜表面。相较于接枝，涂层液的黏度更大些，所以一些聚合物溶液（四氟乙烯共聚物及高分子膜本体聚合物溶液）及溶胶（SiO_2 溶胶、硅氧烷溶胶）可以用于涂层对分离膜进行疏水化改性。聚二甲基硅氧烷（PDMS）具有良好的成膜性以及化学稳定性，经常作为涂层而用于分离膜表面疏水化改性。早期研究多集中在直接将 PDMS 制成涂层溶液，通过浸涂或刮涂的方式涂覆在多孔分离膜表面。PDMS 涂层的结构对最终复合膜的性能起到重要影响。近年来，随着功能性材料的发展，一些功能性物质被引入 PDMS 基体中作为涂层涂覆在分离膜表面，以期在获得疏水性分离膜的同时进一步增强分离膜的选择渗透性，如在 PDMS 基体中引入超分子环芳烃（苯吸附）[123]、钯纳米团簇（氢气吸附）[130]、纳米二氧化硅（丙烯吸附）[131]、沸石（乙醇吸附）[132]、金属有机框架结构（丙烷吸附）等。

在膜表面形成涂层的方法有浸涂法、喷涂法、旋涂法、流动涂覆工艺、真空抽滤涂覆法。

（1）浸涂法

浸涂法是一种简单有效且使用最广的一种疏水性涂层制备方法，所使用的基膜可以是平板、中空纤维或管式等形式。为了在多孔分离膜表面获得薄的涂层，要求疏水性涂层液具有一定的黏度和良好的成膜性。涂层物质应具有良好的疏水性、成膜性以及稳定性。

①膜蒸馏用平板膜和毛细管膜浸涂法疏水化改性。对于疏水性聚合物来讲，其本身较高的黏度可以很好的用作涂层物质。而对于黏度较低的疏水性无机物，很难通过浸涂在分离膜表面得到疏水性涂层。但是，一些疏水性无机物可以以溶胶的形式经浸涂工艺涂覆在分离膜表面，再经煅烧后即可得到疏水性涂层。Meng[91] 制备了 TiO_2 的水溶胶［组成为：无水乙醇、高氯酸（$HClO_4$）、乙酰丙酮（AcAc）、钛（IV）、异丙醇（TTIP）、聚乙二醇（PEG）和水］，经传统浸涂—煅烧工艺得到 TiO_2/PP 平板复合膜，然后进一步在 TiO_2/PP 毛细管复合膜表面浸涂一层 1H，1H，2H，2H-全氟癸基三乙氧基硅烷（PDTS），得到超疏水性分离膜，用于研究 DCMD 和 VMD 脱盐中的结晶行为。复合膜的 WCA 由 PP 毛细管膜的 138.8° 增大至 164.7°，体现出优异的疏水性。

②膜蒸馏用中空纤维膜浸涂法疏水化改性。由于 PTFE 的难溶特性，很难采用溶液相转化成膜，或配制为涂层液进行涂层改性。因此，学者们开发了可以溶于特定溶剂九氟丁基甲醚（HFE-7100）且疏水性更优的四氟乙烯和氟烷基共聚物（Hyflon），并采用该共聚物的溶液对中空纤维膜进行疏水化涂层改性。Tong[130] 等采用浸涂法对 20cm 长的 PVDF 中空纤维膜外表面进行涂覆 Hyflon AD60，经热处理后得到 Hyflon AD60/PVDF 中空纤维复合膜。实验研究了 Hyflon AD60 浓度、浸涂时间、热处理温度和时间对复合膜表面结构与 VMD 脱盐性能的影响。结果表明，PVDF 中空纤维膜经涂层后表面疏水性明显提高，有纯 PVDF 膜的 94.47° 增大至 139°。最优涂层液浓度为 0.1%（质量分数），浸涂时间 10~20min，热处理温度和时间分别为 40~50℃ 和 9h，得到的复合膜在真空度 0.096MPa 下，对 35g/L、70℃ 的 NaCl 水溶液截留率 99.9%，水通量达到 40kg/（$m^2 \cdot h$）。Zhang[131] 等人在此基础上采用浸涂工艺在 PVDF 中空纤维膜表面涂覆三种类型 Hyflon（Hyflon AD40L、Hyflon AD40H 及 Hyflon AD60)，并比较三种涂层对 PVDF 复合膜表面结构与性能的影响。结果发现黏度更小的涂层液有利于形成更小的微孔且孔径分布更窄，复合膜具有更高的 LEP，但膜孔隙率较小。与纯 PVDF 膜，改性复合膜的抗润湿性能得到明显提高。另外，复合膜的力学性能也有大幅度提高。

多通道中空纤维膜具有比单通道中空纤维膜更加优异的力学性能和高孔隙率，但其 LEP 和抗润湿性也需要进一步提高。Lu[79] 通过浸涂法在三通道 PVDF 中空纤维膜外表面涂覆四氟乙烯共聚物（TeflonAF2400）超疏水涂层。实验研究了涂层对膜结构、DCMD 脱盐性能及抗润湿性能的影响。结果表明，经疏水改性后的多通道 PVDF 中空纤维膜表面水接触角由 105°提高至 151°，尽管水通量下降了 21%，但 LEP 提高了 109%。长期 DCMD 测试结果证实，所制备 MBHF 膜水通量和截留率平均达到 21kg/（$m^2 \cdot h$）和 99.99%（质量分数 3.5% 的 NaCl，60℃）。

溶胶具有较高黏度，相比疏水粒子的分散液而言更适合采用涂层工艺将疏水粒子施加到膜表面。另外，相关文献证实，提高膜表面粗糙度可以有效增加膜表面的疏水特性，尤其对于无机粒子溶胶，凝胶后可以获得粗糙表面结构。PP 作为一种膜蒸馏常用疏水中空纤维膜材料，PP 膜表面相当平滑，疏水性可以通过表面结构粗糙化进一步提高。然而光滑的 PP 表面很难直接将一些无机疏水粒子引入，也没有可以引发化学接枝的基团。因此，将无机疏水粒子溶胶通过涂层方法富集到 PP 膜表面成为有效改性途径之一。Xu[133] 等将纳米 SiO_2 分散在对二甲苯、2 - 丁酮（MEK）和环己烷的混合溶剂中，并与 PP/对二甲苯溶液混合得到均相热溶胶涂层液。在 PP 中空纤维膜表面重复浸涂 5 次，得到 SiO_2/PP 中空纤维复合膜，最后对复合膜表面进行硅氧烷接枝改性，得到最终改性后的 SiO_2/PP 中空纤维复合膜。复合膜表面接触角达到 157°，VMD 脱盐性能优于纯 PP 中空纤维膜，具有更高的水通量。

③膜蒸馏用静电纺纳米纤维膜浸涂法疏水化改性。静电纺纳米纤维膜浸涂法即将纳米纤维膜完全浸渍到疏水改性液中，经热处理得到疏水涂层改性的纳米纤维复合膜。Deng[134] 等通过浸涂法在静电纺 PVDF 纳米纤维膜表面涂覆疏水性的 FTCS，后经室温干燥、120℃固化得到 FTCS/PVDF 复合纳米纤维膜。复合膜表面 WCA 达到 150°，DCMD 工艺对 60℃、质量分数 3.5% 的 NaCl 水溶液水通量高达 36.9kg/（$m^2 \cdot h$），截留率达到 99.99% 以上。为了解决疏水性纳米纤维膜在处理含油或含表面活性剂体系时遇到的油污染膜表面的问题，进一步提高纳米纤维膜表面的憎油性能，有学者通过浸涂工艺在静电纺 PVDF—HFP 纳米纤维膜表面涂覆 FAS 疏水性物质后，经热交联反应得到较为致密的疏水性网络结构，从而达到进一步提高膜表面疏水性和憎油性能的目的。该涂层纳米纤维膜表面对水和油的接触角分别达到 127°和 140°，表现为两憎性能。在 DCMD 处理含表面活性剂十二烷基硫酸钠体系时，长期操作时仍

体现优异的 MD 性能。

初生静电纺纳米纤维膜通常需要热压定型处理，以此加强纳米纤维膜的机械稳定性，同时去除纤维内部残余的溶剂，而这往往会使膜孔隙率和孔径降低。为了减小这种负面影响，Li[135] 等将初生静电纺聚砜（PSF）纳米纤维膜未经热压工艺，而是直接浸涂聚二甲基硅氧烷（PDMS），后经室温冷压处理得到最终的 PDMS/PSF 纳米纤维复合膜。实验优化浸涂工艺并得到最优的工艺参数：涂层液组成 1g 的 PDMS 溶解在 40mL 正己烷中，冷压压力 4MPa，此时复合膜 DCMD 工艺处理 50℃、30g/L 的 NaCl 水溶液，膜水通量达到 21.5kg/$(m^2 \cdot h)$，产水电导率在 4μS/cm 左右。

（2）喷涂法

喷涂工艺将喷涂液经喷枪或静电纺丝等装置分散到基体材料表面，经干燥、热压等后处理得到涂层复合膜。Yang[123] 等采用喷涂工艺将碳纳米管（CNTs）涂覆到静电纺 PVDF 纳米纤维膜表面，在纤维堆积形成的孔隙处覆盖网络结构的 CNTs，复合膜经热压工艺以增强 CNTs 与 PVDF 纳米纤维膜的结合力。复合膜的 WCA 由纯PVDF 纳米纤维膜的 130° 提高至 159°，疏水性大大增强。研究人员认为，CNTs 的网络结构使得原料液与膜的接触面积大大增加，这也就导致 VMD 中膜的水通量提高。静电喷涂与静电纺丝类似，不同的是静电喷涂的纺丝液黏度较低且常需要加入导电助剂和聚合物载体等。通过静电喷涂将疏水性物质涂覆在静电纺纳米纤维膜表面，通过纳米纤维和微球结构的相互协同作用，即可得到超疏水纳米纤维复合膜（图 3-4）。相较于喷枪喷涂，静电喷涂可以通过改变纺丝液组成和纺丝工艺条件对涂层形貌结构进行精确控制，操作简单方便。Shahabadi[136] 等通过静电喷涂工艺在静电纺 PVDF—HFP 纳米纤维膜表面复合 FTES 疏水改性的 TiO_2 纳米颗粒，形成纳

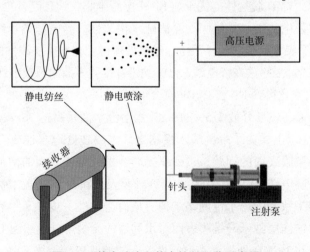

图 3-4　静电喷涂和静电纺丝工艺示意图

米纤维和纳米微球结构的超疏水膜表面（WCA = 155°，纯 PVDF—HFP 纳米纤维膜表面 WCA = 142°）。DCMD 工艺处理 60℃、质量分数 3.5% 的 NaCl 水溶液，24h 连续测试的膜通量始终保持在 38L/（m² · h）左右，而纯 PVDF—HFP 纳米纤维膜在 DCMD 测试 6h 后，通量即有显著下降。疏水性 PDMS 除了采用浸涂工艺对静电纺纳米纤维膜进行疏水化改性外，还配置其稀溶液，经静电喷涂技术以微米球涂层方式施加到纳米纤维膜表面，也可获得超疏水化改性效果。An[137] 等采用静电喷涂法在静电纺 PVDF 纳米纤维膜表面复合 PDMS 微米球涂层，得到的纳米纤维复合膜表面 WCA 达到 155.4°，膜表面负电性要高于商品化的 PVDF 分离膜。复合膜的疏水性和荷负电性有利于酸性染料的去除，并减轻膜表面染料污染。

膜蒸馏用中空纤维膜涂层方法除了通过中空纤维外表面浸涂、内表面流动涂覆以及真空抽滤涂覆等以外，近年来还通过喷枪或静电喷涂工艺，得到微纳米结构涂层，且涂层厚度均匀可控，已成功用于膜蒸馏用 PVDF 平板膜表面疏水化改性。而将喷枪或静电喷涂工艺应用在中空纤维膜表面疏水化改性中，需克服喷涂工艺在圆柱体状中空纤维表面的均匀涂覆问题。

（3）旋涂法

旋涂法主要通过匀胶机经胶体配制、高速旋转涂覆和挥发成膜三个步骤，通过控制匀胶的时间、转速、滴液量以及所用胶体的浓度、黏度来控制成膜的厚度。一些学者将疏水性无机纳米颗粒配制成溶胶或者与其他聚合物溶液混合制成黏度较大的溶液，经旋涂工艺得到疏水性涂层分离膜。Ren[138] 采用溶胶凝胶工艺制备 SiO₂ 溶胶，后经旋涂法（5000r/min，30s）在硅片上涂覆一层 SiO₂ 溶胶，400℃ 煅烧 30min，得到 SiO₂ 涂层。之后，研究人员又采用旋涂法在 SiO₂ 涂层表面涂覆有机硅溶胶，在 300℃ 煅烧 30min，得到有机硅涂层。所制备的复合膜用于气体分离领域，体现出良好的湿态气体渗透性能。Said[139] 将具有磁性的 NdFeB 纳米颗粒引入 PDMS 溶液中，后经旋涂工艺得到疏水性的磁性 NdFeB/PDMS 复合膜，并将其用于电磁微驱动器中。

（4）流动涂覆工艺

目前流动涂覆多用于制备中空纤维 Janus 膜并用于膜蒸馏中。学者们采用流动涂覆工艺对中空纤维膜内表面进行涂层改性，其中对涂层液及涂层时间做了详细研究，但由于中空纤维内径一般较细（微米到毫米级别），涂层液经泵打入中空纤维内腔时，过高的泵流速及流量很可能会使涂层液渗透到中空纤维膜微孔内部，从而造成膜蒸馏水通量严重降低，这需要在今后工作中做进一步研究。

（5）真空抽滤涂覆法

由于中空纤维膜为圆柱体多孔结构，也有学者采用在中空纤维膜内腔真空抽滤的方式将疏水粒子附着在膜表面及微孔中。Gethard[140]等通过在 PP 中空纤维膜内腔真空抽滤的方法，将疏水碳纳米管 CNTs 引入膜内表面及微孔处。实验将 CNTs 分散在混有少量 PVDF 的丙酮中以增强 CNTs 的附着力。所制备的改性 PP 中空纤维膜应用在 SGMD 中处理浓缩制药废水。改性 PP 膜的传质系数高出未改性的543%。纯化水中的残留有机物仅不到原液中的10%。研究人员提出，PP 中空纤维膜传质过程的加强是因为具有强吸附—脱附能力的疏水 CNTs 在膜内部起到快速传递水蒸气分子的作用。这种快速传递是基于两方面效应，即水蒸气分子在 CNTs 表面的活性吸附和扩散以及水蒸气分子在 CNTs 管状内部的快速扩散。这两方面效应使得 PP 膜表面覆盖的 CNTs 不仅不会阻止水蒸气通过，而且会加速其传质过程的进行，从而使水通量增大。Bhadra[41]等同样采用真空抽滤法以 PVDF 为黏合剂将纳米金刚石（DNDs）引入 PP 中空纤维膜内表面及微孔处，将所得 PP 中空纤维膜用于 SGMD 脱盐中。仅仅2%（质量分数）的 DNDs 就可以显著提高膜水通量和 LEP。与传统 PP 中空纤维膜比较，水通量增大118%。类似地，研究人员将水通量的提高归因于水蒸气分子在 DNDs 表面的活性吸附和扩散。与 CNTs 真空抽滤改性 PP 中空纤维膜不同，DNDs 没有 CNTs 的管状结构，因此 DNDs 改性膜无水蒸气分子在 DNDs 内部的快速扩散。需要指出的是，真空抽滤的压力及时间对 CNTs 在中空纤维膜微孔及表面的附着有很重要的影响，实验中未做说明，还需要进一步探讨。

3.1.5　化学气相沉积法

化学气相沉积法（CVD）是一种制备薄膜涂层的技术，原理是利用气态的先驱反应物，通过原子、分子间化学反应，使得气态前驱体中的某些成分分解，而在基体上形成薄膜。采用 CVD 法可获得颗粒分散性好、粒径小且分布窄的纳米粒子涂层。利用 CVD 法将疏水性无机纳米粒子沉积到分离膜表面，从而完成对分离膜的疏水化改性。Chareyre[88]合成了含有 Si、Zr、C、N 四种元素的可挥发单分子前驱体，经等离子体增强化学气相沉积法（PECVD）将其沉积在非对称结构的多孔 Al_2O_3 陶瓷膜表面，涂层具有很好的疏水性，所制备复合膜对 He/N_2 的分离因子为60，几乎达到理论值。Meng[15]等采用化学气相沉积技术将纳米 SiO_2 引入 Shirasu 多孔玻璃膜（SPG）表面，后将热敏型材料聚（N-异丙基丙烯酰胺）（PNIPAM）接枝到纳米 SiO_2 表面，得到热敏型分离膜。当外界环境温度由25℃升高至40℃时，经 PNIPAM 改性的 SPG 表面由超亲水性（WCA ≈ 0°）转变为超疏水性（WCA ≈ 150°）。应用该种特殊功能材料并通过改变使用环境温度，可以实现疏水性物质，如蛋白质、酶以及手性物质等的吸附和分离。Zhang[13]采用 CVD 法和电沉积聚合制备了一种具有自愈能力的疏水性光—热转变膜并用于偏远地区淡水的获取，制备流程如图 3-5 所示。研究人员首先通过电聚合沉积技术在不锈钢（SS）多孔纤维膜表面沉积 5μm 左右的光热转变材料——聚吡咯（PPy），而后为了增强 SS 膜在水面的漂浮能力，通过 CVD 工艺在 PPy 涂层上再次沉积一层氟硅烷以增强复合膜的疏水性。实验所制备的光热转变复合膜表面 WCA 由 SS 膜的 122°增大至 141°，疏水性的增强确保了水分蒸发量的稳定。

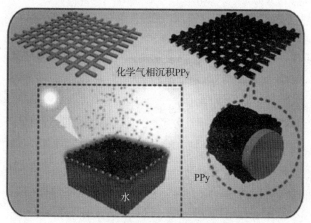
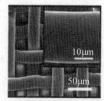

(b) 不锈钢膜表面SEM照片

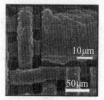

(a) 不锈钢膜表面化学气相沉积法制备疏水
性光热转变膜流程示意图

(c) 氟硅烷/聚吡咯(PPy)浸涂光热
转变膜表面SEM照片

图 3-5   光—热转变膜制备流程及膜微观形貌

除了以上常见的涂层方式以外，随着纳米技术的发展，一些新型涂层方法如离子溅射法、层层自组装法、热压法等逐渐在分离膜疏水化改性中得到应用。Dumée[85] 首先采用化学气相沉积法（CVD）制备了一种具有过滤分离功能的外径 10~15nm，长度 200~300μm 的碳纳米管（CNTs）巴克纸（BPs）分离膜。后经离子溅射技术以 PTFE 为撞击靶材在 BPs 上下表面各涂覆一层 PTFE 疏水层，最后将 PTFE/BPs 复合膜与 PE 格栅进行热压复合得到 PTFE/BPs/PE 复合膜，并用于 35g/L NaCl 水溶液的直接接触式膜蒸馏脱盐中。实验表明，相较于 BPs/PE 膜，经 PT-FE 涂层处理的复合膜表面的 WCA 由 122°增大至 155°，疏水性明显增强。膜蒸馏实验结果表明，PTFE/BPs/PE 复合膜的脱盐率达到 99% 以上，渗透通量较 BPs/PE 膜也有明显提高。

3.2 机械增强

作为热驱动的膜蒸馏技术，其长期操作中要求分离膜具有优异的热稳定性和机械稳定性，这样才能保证分离膜孔不被润湿、LEP 维持不变，延续其优异的膜蒸馏性能。若分离膜本身疏水性能与孔结构保持不变，在此基础上膜蒸馏用平板膜与中空纤维膜本身良好的力学性能可以保持其膜蒸馏性能的长期稳定。相较于传统相分离膜，静电纺纳米纤维膜具有极高的孔隙率和开放的互相贯通的孔隙结构，其表面粗糙度更大，疏水性能以及膜蒸馏水通量更优。然而，静电纺纳米纤维膜的这些结构特征也导致其力学性能较差，尤其是在长期使用过程中。目前，增强静电纺纳米纤维膜力学性能的途径主要有热压后处理、增加膜厚、共混增强以及复合基体材料。作为 MD 用纳米纤维膜力学性能增强的一种常规手段，热压后处理、增加膜厚也会在一定程度上增大膜蒸馏传递阻力，造成渗透通量降低，这些优势与劣势将在第 4 章中详细阐述。本章主要对共混增强以及复合基体材料这两种途径进行描述，这两种也是目前静电纺纳米纤维膜力学性能增强改性的主要途径。

3.2.1 共混增强

共混增强即采用共混法在静电纺纳米纤维膜中引入具有力学性能增强作用的基质，此法需要考虑共混基质与纳米纤维基体的相容性及其对纳米纤维可纺性的影响。聚二甲基硅氧烷（PDMS）以其优异的疏水性和成膜性常用于疏水性分离膜，尤其是复合膜涂层的制备中。然而，由于 PDMS 分子量较小，其静电纺丝得到的纤维膜中纤维互相缠结度低且膜强度小，PDMS 很难直接通过静电纺得到力学性能良好且稳定的纳米纤维膜。为了获得膜蒸馏用疏水性静电纺 PDMS 纳米纤维膜，聚甲基丙烯酸甲酯（PMMA）被作为载体聚合物添加至 PDMS 纺丝液中，低分子量的 PDMS 纤维随机分散在大分子的 PMMA 纤维周围，二者间形成共价键而牢固结合。Ren[142] 等系统研究了 PDMS/PMMA 纳米纤维膜静电纺丝工艺参数对膜形貌结构、疏水性、力学性能以及 MD 脱盐性能的影响。当 PDMS 与 PMMA 含量比为 1∶1、电压 11kV、挤出速率 0.1mm/min 时，得到的纳米纤维膜表面 WCA 达到最大值 163°，此时 DCMD 工艺对 70℃、质量分数 3.5% 的 NaCl 水溶液截留率为 99.96%，水通量达到 39.61L/(m² · h)。膜力学性能拉伸性能表明，PDMS/PMMA 纳米纤维膜属于均相塑性材料，即二者相容性良好，可以保证其在膜蒸馏长期使用下的力学性能。

纳米晶体纤维素（NCC）具有纳米级别尺寸（直径 10 ~ 30nm，长度 100 ~ 300nm）和优异的力学性能，通过纤维素水解反应可以分离 NCC。作为一种增强材料，若能将 NCC 引入静电纺纳米纤维膜中，将大大改善纳米纤维膜的力学性能。Lalia[119] 等采用共混法将 NCC 添加至 PVDF—HFP 纺丝液中，经静电纺丝得到 NCC/PVDF—HFP 纳米纤维膜。质量分数 2% 的 NCC 添加量即可使纳米纤维膜的拉伸强度达到最大值 17.2MPa，同时杨氏模量达到 105MPa，相较于未改性纳米纤维膜的拉伸强度（12.6MPa）和杨氏模量（72MPa）均有明显提高。膜 LEP 由 131kPa 增大至 186kPa，长期 DCMD 操作使共混膜 MD 性能得到很好保持。

3.2.2　复合基体材料

除了在纳米纤维膜中引入力学性能优异的添加剂对膜进行力学性能增强以外，采用复合的方式将多孔基体（如非织造布、多孔网格以及静电纺纳米纤维膜）与纳米纤维膜进行复合，也可提高膜的力学性能，使其能够承受 MD 工艺长期的热和机械水压的冲击。基体材料应选择不会额外增加 MD 蒸汽传递阻力和导热速率的材料。

（1）平板型织物为基体材料

Dong[143] 等通过静电纺制备了 PTFFE/PVDF 共混纳米纤维膜，并采用孔隙率 75%、平均孔径 1μm 的 PTFE 多孔网格为基体，将复合膜用于 VMD 脱盐中。连续 15h 的 VMD 测试结果表明，复合膜水通量随测试时间延长基本不变，复合膜保持着良好的热机械稳定性能。类似地，为了提高静电纺 PVDF 纳米纤维膜的力学性能，Li[144] 等系统对比了以聚酯（PET）非织造布、PP 针织布和 PET 机织布为基体（图 3-6）对纳米纤维膜力学性能和 MD 脱盐性能。SEM 照片可以看出非织造布（a）和（b）由随机排列的纤维组成，（a）中纤维彼此互相黏合，而（b）中圆柱状纤维彼此互相独立。（a）较（b）厚度小、克重大，基体结构致密。针织布（c）和机织布（d）表面密布有数十微米的大孔。与非织造布（a）和（b）相比，（c）（d）的渗透性能要更优。基体结构的不同对静电纺 PVDF 纳米纤维膜结构和表面疏水性能影响不大，所有静电纺纳米纤维复合膜表面均由随机分布的串珠纤维构成，且 WCA 均在 140° 以上。与纯 PVDF 纳米纤维膜相比，复合膜断裂伸长和弹性模量分别增加 4.5~16 倍和 17.5~37 倍。应用在 80℃、质量分数 3.5% 的 NaCl 水溶液 DCMD 脱盐中，具有更小阻力的针织布（c）和机织布（d）的 MD 水通量更大些，分别达到 46.9kg/（m² · h）和 49.3kg/（m² · h），而非织造布（a）和（b）复合膜的水通量分别为 40.0kg/（m² · h）和 33.4kg/（m² · h）。

（2）纳米纤维膜为基体材料

除了上述多孔网格、非织造布、针织布以及机织布等多孔基体材料外，近年来，还采用静电纺丝工艺制备以纳米纤维膜为力学性能增强基体的双层复合静电纺纳米纤维膜也被开发出来应用在 MD 中。同样，纳米纤维膜基体在提供机械强力支撑的同时，应尽量减小其对 MD 传质的影响。因此作为基体材料的纳米纤维膜的厚度以及膜孔结构对其表层的 MD 性能有着重要影响。Attia[124] 等在前期研究静电纺异硬脂酸疏水化纳米 Al₂O₃/PVDF 纳米纤维膜的基础上，通过静电纺制备了双层异

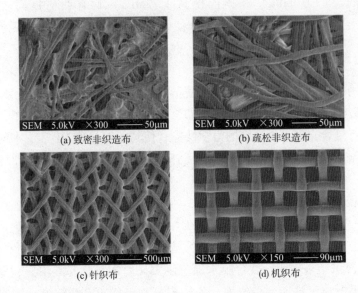

(a) 致密非织造布   (b) 疏松非织造布

(c) 针织布   (d) 机织布

图 3-6 膜蒸馏中静电纺纳米纤维复合膜用不同基体材料表面 SEM 照片

硬脂酸疏水化纳米 Al_2O_3/PVDF/PVDF 纳米纤维复合膜，以期增强异硬脂酸疏水化纳米 Al_2O_3/PVDF 纳米纤维膜的力学性能，保证其在 MD 中能够长期使用[145]。研究人员研究了膜厚度和孔结构对 AGMD 处理含重金属离子体系传质过程的影响。基膜的厚度随静电纺丝时间以及纺丝液中聚合物浓度的增大而增加，膜孔径也随纤维直径的增大而增大。复合膜的拉伸强度和断裂伸长随基膜厚的增加而增大。顶层膜厚度减小有利于 MD 水通量的增大，对于高孔隙率和大孔径的基膜，其厚度的增加对复合膜水通量影响不大。

（3）中空编织管为基体材料

中空纤维膜以其自支撑结构和高的装填密度而广泛应用于包括膜蒸馏技术在内的膜分离技术领域。除此之外，中空纤维膜以其独特的圆形截面结构使得其在相同操作条件下能够承受较其他类型膜更大的操作压力。通过静电纺丝工艺直接获得的纳米纤维膜结构属于平板式，和传统平板膜类似，其膜组件装填密度低且通常需要机械支撑体。若将静电纺纳米纤维膜制作成中空纤维或管式膜形式，将解决这些问题。为了获得中空纤维式的静电纺纳米纤维膜，以增强纳米纤维膜的机械强度并提高其膜组件的装填密度，有学者以中空编织管（外径 1.85mm，内径 0.17mm）为机械支撑体，经静电纺丝工艺在中空编织管外表面覆盖 PVDF—HFP 纳米纤维膜，后经溶剂蒸发法将纳米纤维膜和中空编织管进行黏合后得到最终的静电纺 PVDF—HFP 中空纤维膜[62]。该法采用经纱（线）编织的中空管作为静电纺纳米纤维膜支撑体,并通过溶剂黏合以增强支撑体与纳米纤维膜之间的黏结力,有效弥补纳米纤维膜机械强度的缺陷,使其能够长期应用在膜蒸馏操作中并保持良好的尺寸稳定性。力学性能测试结果表明,静电纺 PVDF—HFP 中空纤维膜的杨氏模量、断裂伸长和拉伸强度均有大幅度提高,且在 DCMD 工艺脱盐中能够保持良好的膜蒸馏性能。

3.2.3 热压处理

由于静电纺纳米纤维膜中纤维随机排列,且纤维间缺少化学键键合,很难精细控制膜结构,尤其是膜孔径及其孔径分布。为了解决这些问题,热压后处理工序往往应用于静电纺纳米纤维膜制备中。热压可以将处于膜表层的纤维熔融在一起,增强纳米纤维膜机械强度和稳定性,但同时膜孔径、孔隙率和表面粗糙度都有所下降,膜变得致密。表面粗糙度的下降进一步使纳米纤维膜表面疏水性降低,应用在 MD 中,纳米纤维膜的优势不能充分发挥出来。图 3-7 所示为热压工艺处理前后静电纺纳米纤维膜结构变化示意图。为了平衡二者之间的矛盾,目前多数制备仍是采用热压后处理工艺以保证纳米纤维膜在 MD 中的长期使用。

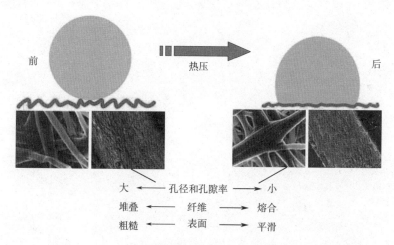

图 3-7　热压工艺处理前后静电纺纳米纤维膜结构变化示意图

3.3　本章结论

不同于常规亲水性分离膜,疏水性分离膜以其特殊的疏水性及选择分离特性,广泛应用于膜蒸馏、气液分离、气体分离以及一些特种分离领域,具有不可替代的地位。膜蒸馏较低的渗透通量和抗润湿性限制了其广泛的应用,如何赋予分离膜优异的疏水性能一直是疏水性分离膜研究的主要方向之一，对现有分离膜进行疏水化改性成为关键解决途径之一。目前，对分离膜的疏水化改性已经取得了显著进展，但仍然存在一些亟待解决的问题：

（1）疏水化改性可以简单有效改善分离膜疏水性能，同时应尽量减小对膜其他性能，如机械强度、化学稳定性等的影响。

（2）对常规膜蒸馏用分离膜进行疏水化改性后（如涂层改性），分离膜原有孔径以及传热特性有无变化，这些变化对膜蒸馏过程的影响需进一步研究。

（3）膜蒸馏用分离膜疏水性能的提高可以保证其长期的分离效率的高效以及抗润湿性能的改善，但疏水改性后分离膜疏水特性的持久性研究（如化学接枝和物理共混等）需进一步深入研究。

第4章 膜蒸馏用分离膜结构研究

膜蒸馏用分离膜目前的研究主要是从增强 MD 传质过程、保证传质效果及提高传热效率三方面着手。MD 传质过程的增强主要是通过增强分离膜的疏水性能以及膜微观孔结构和膜厚度的优化。MD 传质效果的保证主要集中在减小膜的最大孔径和提高膜疏水性方面。MD 传热效率的提高主要是通过低导热性膜的开发。总之，这些通过分离膜来提高 MD 性能的研究主要是寻找一种可用于 MD 的低导热性、膜结构优化的疏水性分离膜。对于分离膜的疏水性能研究在第 2 章和第 3 章的内容中已经涉及，而可用于 MD 的低导热性、膜结构优化的分离膜这两方面的研究工作将在本章重点阐述。其中膜结构优化主要涉及膜结构参数优化，包括膜厚度、孔隙率、膜孔径和孔径分布、膜孔道弯曲度等以及膜表面结构。低导热性分离膜的研究主要集中在 Janus 分离膜相关方面的工作。

4.1 膜结构参数优化

作为膜蒸馏过程的关键因素之一，分离膜除了具有良好的疏水特性外，其膜结构对 MD 传质和传热过程均有重要影响。因此，学者们对 MD 用疏水分离膜的结构，包括膜厚度、孔隙率、膜孔径和孔径分布、膜孔道弯曲度等以及膜表面结构等进行了深入的研究。

4.1.1 膜厚度

在相同孔径和孔隙率下，较厚的分离膜的传质通道更长、传质阻力更大、膜水通量下降。但另一方面，膜厚度增大使得分离膜热阻增大、热传导效应减小，膜两侧界面温差得以很好保持，传热效率提高。此外，膜厚度增大通常使得膜机械强度和尺寸稳定性得到增强。尽管与其他膜分离操作相比，MD 对分离膜机械强度要求较低，但也要保证在长期使用过程中膜的机械强度和尺寸稳定性。值得注意的是，太小的膜厚度可能产生膜液体渗漏。因此需要综合考虑膜水通量和传热阻力，选择优化膜厚度。

目前，有几种不同厚度的 MD 用分离膜，包括单层和多层（如双层和三层）。其中，单层是最常见也是目前研究和使用最多的 MD 用分离膜形式。单层膜通常使用同一种疏水性膜材料一步成膜，可以有支撑体（如非织造布）也可以无支撑体。其中支撑体将占单层膜厚度的80%左右。多层膜通常由疏水性表层和亲水性底层组成，其中需要调整优化疏水性表层和亲水性底层的相对厚度。基于商业化MD用分离膜的模拟和热传导实验，结果表明，MD用分离膜的最优厚度为$30\sim60\mu m$。有学者使用厚高达$400\mu m$的PP膜进行MD实验。即使膜表面孔润湿到一定厚度（$100\sim300\mu m$），但膜仍能提供一个原料液和渗透液之间的气体间隙，使膜继续使用。目前有关膜厚度对MD影响的研究多集中在平板膜以及静电纺纳米纤维膜方面，中空纤维膜厚度对MD影响研究较少。

（1）膜蒸馏用平板膜厚度

Murugesan[146]等在PVDF铸膜液中引入不同粒径的TiO_2和SiO_2纳米颗粒，并通过NIPS法制备PVDF平板膜，实验研究了膜厚度变化对PVDF膜孔结构以及VMD性能的影响。结果发现，纳米颗粒的引入导致膜厚度的降低，主要是由于指状孔比例的增多以及海绵状孔层的变薄。随着膜厚度减小，膜表面接触角和孔隙率都增大，而膜LEP值没有太大变化。当纳米颗粒负载量低于2%（质量分数）时，VMD渗透通量则随PVDF膜厚度的增大而增大；而当纳米颗粒负载量高于5%（质量分数）时，VMD渗透通量则与PVDF膜厚度的变化趋势相反。Martínez[147]等研究了分别采用NaCl和蔗糖水溶液作为原料液的MD工艺。选用这两种原料液时，都存在一个临界膜厚度，即在临界值以下膜厚度的减少对MD传热和传质过程有负面影响。临界膜厚度取决于MD操作条件以及膜结构性质。Eykens[148]等研究表明，较薄的平板膜应用在DCMD中的纯水通量越高，DCMD能效越不受膜厚度变化的影响。最优膜厚取决于膜结构参数以及DCMD操作条件参数。MATLAB模拟出的最优膜厚度在$2\sim739\mu m$之间。Peng[56]等通过VIPS法制备了双连续孔结构的PSF平板膜，并应用于DCMD脱盐中。研究人员首次采用重量法测定膜疏水层的厚度。结果证实，PSF膜厚度的增大导致DCMD渗透通量极大降低。虽然膜厚度的增大不利于MD水通量的提高，但实验结果证实，DCMD渗透通量的极大降低主要是由于膜孔隙率的降低。

（2）膜蒸馏用纳米纤维膜厚度

静电纺纳米纤维膜的厚度调整可以通过纺丝工艺（如纺丝时间、纺丝次数）或者后处理工艺（如复合）来进行。Essalhi[149]等在24kV、接收距离27.7cm下，通过不同静电纺丝时间调整PVDF纳米纤维膜厚度，进而研究膜厚度对DCMD脱盐性能的影响。随着纺丝时间增大（由1h到4h），膜厚度几乎线性增大（$144.4\mu m$到$1529.3\mu m$），膜机械强度随之逐渐增大。当膜厚度较大时，纤维表面的静电荷使得彼此互相排斥，膜结构中纤维网络堆积松散，膜孔隙率和孔径增大。相较之下，膜厚度减小时，纤维表面的静电荷能很好地传导给金属接收器表面，因此 PVDF 纳米纤维膜结构更加致密。由于传质阻力的增大，热效率提高，使 MD 水通量不是随着膜厚度增大而线性降低。当 NaCl 水溶液浓度为 35g/L、温度为 80℃时，PVDF 纳米纤维膜水通量高达 54.7kg/（m² · h），NaCl 截留率达到 99.39%。Wu[150] 等同样研究了不同静电纺丝时间对 PVDF 膜厚度和 DCMD 脱盐性能的影响。纺丝时间由 4h 增大至 10h，PVDF 纳米纤维膜厚度由 36.4μm 增大至 77μm，膜孔隙率由 83.6%降低至 80.5%。静电纺丝 2~3h，得到的纳米纤维膜脆弱，不能连续测试 1h。当静电纺丝时间在 4h 时，此时膜厚度最低，膜水通量达到最大 60kg/（m² · h）［料液为 10%（质量分数）NaCl 水溶液，料液温度 65℃］。

4.1.2　膜孔隙率

分离膜的孔隙率高可以明显提高膜蒸馏渗透通量，而同时有利于热阻的提高和传热效率的保证。孔隙率高可提供更多的蒸汽扩散通道，使 MD 传质效率提高。另外，孔隙率高意味着膜中有更多热阻和更高的空穴存在，有利于膜热阻的提高。因此，孔隙率高有利于 MD 传热效率和传质效率的同时提高。但是，孔隙率的增大将在一定程度上减小膜的机械强度，尽管与其他膜分离技术相比，以热驱动的 MD 过程对膜机械强度无太高要求。但在长期 MD 操作中，机械强度的稳定性对 MD 性能和膜使用寿命尤其重要。

（1）膜蒸馏用平板膜孔隙率

Eykens 等[148] 证实孔隙率可以显著增加平板膜 DCMD 渗透通量，即使此时膜厚度较大。高孔隙率使 MD 过程的跨膜热量损失减少、能效提高，由于热传导而产生的热量损失不受影响。由于高孔隙率分离膜 MD 过程渗透通量的提高以及热传导的降低，可以很好地减弱温差极化，因此膜孔隙率的变化对最优膜厚的影响很小。

（2）膜蒸馏用毛细管膜孔隙率

Marek 等[151] 研究了不同 PP 毛细管膜孔隙率对 MD 性能的影响。其中具有 1μm 厚以下低孔隙率层的 PP 膜的渗透通量较低，这种低孔隙率层的存在不会阻止 PP 膜孔润湿现象的发生。

（3）膜蒸馏用纳米纤维膜孔隙率

静电纺纳米纤维膜具有极高的孔隙率，一般能达到 80%及以上，所以其水通量一般较常规分离膜的高。但是高孔隙率带来的机械强度弱以及长期使用尺寸稳定性差等问题是限制静电纺纳米纤维膜 MD 应用的重要因素之一。

4.1.3　膜孔径和孔径分布

孔径是影响 MD 性能的关键参数，在最佳孔径下，膜可以获得高渗透通量和良好的孔耐润湿性。有研究表明，膜蒸馏用分离膜的孔径应当在0.5μm以下才能避免孔润湿现象。通常MD用分离膜孔径在0.1~1μm之间，属于微滤膜（MF）范畴。孔径分布是膜分离技术很重要的一个影响因素，对于MD这样一个热驱动下的微孔过滤过程尤为重要。不同孔径呈现的流体运动状态和机理不一样，目前孔径分布对于MD性能影响的研究较少。一般认为孔径分布越窄，越有利于MD高截留率的保证。当平均孔径大于蒸汽平均自由路径（0.1μm）时，孔径分布宽的分离膜的DCMD蒸汽通量小于单一孔径分布的分离膜。这是由于膜中大量小孔极大地阻止了蒸汽透过分离膜而到达渗透侧。

（1）膜蒸馏用平板膜孔径和孔径分布

Woods等[152]对MD过程中透过所有微孔的渗透通量进行了模拟，以此来评价孔径分布对MD通量的影响。所用分离膜为Millipore和Pall-Gelman两家制造商的平板膜。模拟结果表明，忽略孔径分布而计算得到的通量的误差要小一些。Tang等[51]制备了一种孔径分布窄（0.02~0.2μm）的、由VIPS法制备的等规PP（iPP）平板膜，并将其应用在VMD过程中。制备的iPP平板膜孔径分布、铸膜液中iPP浓度对膜孔径分布影响很小。MD用微孔膜孔径分布除了常采用的毛细管流动测试仪进行测定外，还可以通过扫描电镜（SEM）照片进行图像分析得到。Phattaranawik等[153]通过此法测定了膜的孔径分布，并通过对数正态分布模拟孔径分布对DCM水通量的影响。Kujawski等[154]研究了TiO₂接枝氟硅烷（FAS）疏水性平板陶瓷膜孔径对其VMD乙酸乙酯（EtAc）—水分离性能的影响。结果发现，陶瓷膜孔径直接决定了其选择分离特性。在接枝FAS后陶瓷膜孔径有所减小，若减小到微孔范围（2~4nm），则陶瓷膜对EtAc—水的分离因子大幅度下降。研究人员提出了不同孔径陶瓷膜MD过程的分离机理，如图4-1所示。在热驱动力作用下，分离膜孔处达到液—气平衡，不同孔径分离膜的MD分离机理不同，大孔膜（macro-

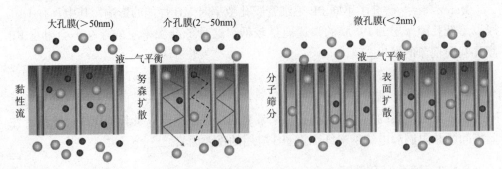

图4-1　不同孔径分离膜分离机理示意图

pore）和介孔膜（mesopore）主要以黏性流（viscous flow）或努森扩散（knudsen diffusion）为主，而更小孔径的微孔膜（micropore）主要以分子筛分（molecular sieving）以及表面扩散（surface diffusion）为主。

（2）膜蒸馏用中空纤维膜孔径和孔径分布

Wang 等[155] 通过干湿法纺丝制备疏水性 PVDF 中空纤维膜，该膜具有超薄皮层以及多孔支撑层，膜平均孔径在 0.16μm 且孔径分布很窄，在 0.15~0.18μm 之间。窄的孔径分布有利于阻止水分子透过膜孔而引起泄露。

（3）膜蒸馏用静电纺纳米纤维膜孔径和孔径分布

为了减小静电纺纳米纤维膜传质阻力和热损失，提高膜水通量，Ebrahimi[156] 等通过改变纺丝液中聚合物 PVDF 浓度，纺制三层具有孔径梯度的 PVDF 静电纺纳米纤维膜。纳米纤维直径越小，得到的纳米纤维膜孔径更小。因此，研究人员通过纺丝液中聚合物浓度的不同来调节 PVDF 纳米纤维直径，进而影响纳米纤维膜孔径。在纳米纤维膜外层，纺丝液中 PVDF 浓度最低为 20%（质量分数），得到的外层结构为无珠状的 PVDF 纳米纤维膜。中间层 PVDF 浓度较高，在为 21.5%~26%（质量分数），膜结构呈现较厚的纳米纤维。三层静电纺 PVDF 纳米纤维膜对 60℃、42g/L 的 NaCl 水溶液的 DCMD 水通量达到 31.5kg/（m²·h），远高于单层静电纺 PVDF 纳米纤维膜的水通量 [15.4kg/（m²·h）]。

静电纺纳米纤维膜孔径分布是随着孔径以及膜厚度的调节而变化的，其孔径分布与纤维直径和孔隙率存在着一定的相互关系。通过精细调控静电纺丝工艺，改变纳米纤维的直径，可获得所需的孔径及孔径分布。静电纺纳米纤维膜孔径分布相较于传统相分离方法得到的微孔分离膜而言，孔径分布会更宽些。因此更应加强孔径分布对静电纺纳米纤维膜 MD 过程影响的研究。为了充分利用静电纺纳米纤维膜孔隙率高、表面粗糙度大等优势，并能精确控制膜孔结构，从而获得一种用于 MD 工艺的结构可控的静电纺纳米纤维膜，将传统相转化成膜技术与静电纺丝技术二者相结合不失为一种行之有效的解决途径（图 4-2）。有研究者以静电纺 PVDF—HFP 纳米纤维膜为基体，在其表面经非溶剂相转化法（NIPS）复合 PVDF 分离膜，得到 PVDF—HFP/PVDF 复合膜[157]。相转化 PVDF 分离膜可以填充 PVDF—HFP 纳米纤维膜表面纤维间的孔隙，而复合膜表层 PVDF 分离膜的孔径及其孔径分布可以通过相转化过程精确控制。结果表明，静电纺 PVDF—HFP 纳米纤维膜孔径在 1.2μm 左右，复合 PVDF 分离膜的孔径下降为 0.6μm。复合膜表面 WCA 较纳米纤维膜基本不变（131.9°~133.9°），孔隙率由纳米纤维膜的 90.6% 下降到 80.2%。通过精确控制 PVDF 分离膜厚度，得到可用于 DCMD 过程的复合膜，其对 60℃、1mol/L 的 NaCl 水溶解盐截留率达到 99.9%，水通量高达 30kg/（m²·h）。

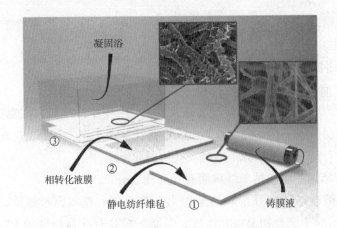

图 4-2　静电纺纳米纤维膜复合相转化分离膜工艺示意图

此外，热压处理作为静电纺纳米纤维膜常用的后处理方法，在提高纤维膜机械强度的同时，对膜孔径以及孔径分布都有重要影响。Lalia[158] 等详细研究了静电纺 PVDF—HFP 纳米纤维膜热压工艺，包括热压不同层数、不同直径纳米纤维等对纳米纤维膜孔径及孔径分布的影响。总体而言，热压处理使的 PVDF—HFP 纳米纤维膜孔径由 1μm 左右减小至适宜于 MD 过程的 0.5μm 左右。初生纳米纤维膜中的大孔减少，因此使得膜孔径分布变窄，这有利于膜液体渗透压力（LEP）的增大以及抗润湿性能的提高。而膜孔隙率由最初的 90% 下降至 65% 左右，膜表面 WCA 由 140°减小至 120°左右。在 DCMD 脱盐性能研究中，静电纺 PVDF—HFP 纳米纤维膜较商业化 PVDF 膜具有更高的水通量。但实验未对热压前后 PVDF—HFP 纳米纤维膜的 MD 性能进行比较。

4.1.4　膜孔道弯曲度

孔道弯曲度是膜微孔偏离简化的直圆柱孔结构的程度，它与膜水通量成反比。学者们常采用由膜孔隙率计算得到的弯曲因子（X）来衡量膜孔道弯曲度。不管何种类型的 MD，较大的膜孔弯曲因子都会引起温差极化和传质阻力的增大以及 MD 水通量的降低。弯曲因子在 1.1~1.2 之间，膜 MD 渗透通量较大。

（1）膜蒸馏用平板膜孔道弯曲度

通过对各种平板疏水膜的弯曲因子的计算，证实平板膜孔道弯曲对 MD 水通量有消极影响，如用于 AGMD 的介孔有机硅膜平板膜、VMD 的 PP 平板膜、DCMD 的 PTFE 平板膜以及 SGMD 的 PVDF 平板膜等。Yang 等[159] 证实在 MD 死端过滤中，PVDF 平板膜孔收缩和塌陷引起的孔弯曲度的增大使得膜渗透通量大幅度减小。研究人员分别对比了采用非织造布作为基材前后的 PVDF 平板膜孔弯曲度变化情况，发现未有基材作为支撑的 PVDF 膜的孔收缩和塌陷更大，因而引起更大的孔弯曲因子以及更小的膜水通量。

（2）膜蒸馏用中空纤维膜孔道弯曲度

同样地，学者们通过实验与模拟也证实了中空纤维膜弯曲度与 MD 水通量之间的关系（图4-3），膜孔弯曲度的增大导致分离膜本身的阻力（r_m）增大。Liu 等[160]研究了 PVDF 中空纤维膜弯曲因子对 VMD 水通量的影响，同样证实膜渗透通量与膜孔弯曲因子成反比例关系。同时研究人员指出，相较于膜孔弯曲度，VMD 水通量更多地取决于孔径和膜厚度这两个膜结构参数。

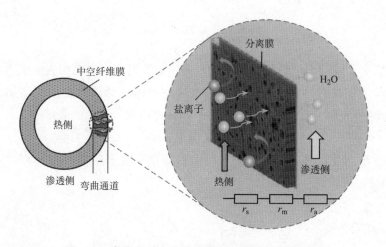

图 4-3　弯曲度对中空纤维膜 MD 传递过程的影响

（3）膜蒸馏用静电纺纳米纤维膜孔道弯曲度

传统相分离法制备的多孔分离膜，其微孔结构大多不是直圆柱孔结构，而是呈现不同弯曲度的指状孔（finger-like pore）、海绵状孔（sponge-like pore）、带状孔（lacy pore）以及颗粒孔（particle pore）等，这些不同形状的孔多为闭孔结构。静电纺纳米纤维膜的孔为纤维交叉堆积形成的相互贯通的开孔结构且孔道短，这种孔结构能够显著改善流体流通性，进而提高膜的水通量。

4.2　膜表面结构与形貌构建

膜表面的疏水性能除了与膜材料本身的疏水性密切相关外，微观上其表面的多孔结构也直接影响膜表面疏水性能。宏观上，疏水性分离膜表面形貌的不同对其

MD 过程局部流动状态也会产生重要影响。

4.2.1 膜表面结构构建

自从 20 世纪 90 年代以来，人们对多种动植物表面，如荷叶、水稻叶、蝉翼和水蝇腿的超疏水性进行了系统研究，研究表明，表面疏水性蜡状物质及表面粗糙的微纳米双微观结构是决定其具有表面超疏水性的根本原因。因此，疏水性分离膜的获得除了通过引入疏水性基团、颗粒以及聚合物来降低膜材料表面自由能以外，膜表面微观结构的改变也可以对分离膜的疏水性产生重要影响。通常，水滴接触固态物体的光滑平面会呈现如图 4-4（a）所示的现象，水接触角（WCA，θ_0）可以通过 Young 方程（4-1）得到：

$$\cos\theta_0 = \frac{\gamma_{sa} - \gamma_{sl}}{\gamma_{la}} \tag{4-1}$$

式中，γ_{sa}、γ_{sl} 和 γ_{la} 分别为固—气、固—液及液—气界面的表面张力。

若固体表面具有一定的粗糙度，则水滴与固体表面的接触面积增加 ［图 4-4（b）］，此时膜表面 WCA（θ_w）可以通过 Wenzel 方程（4-2）得到：

$$\cos\theta_w = R_f\cos\theta_0 \tag{4-2}$$

式中，R_f 为实际表面积与光滑平面面积之比，对于粗糙表面 $R_f>1$，其接触角 θ_w 大于光滑表面的 θ_0。

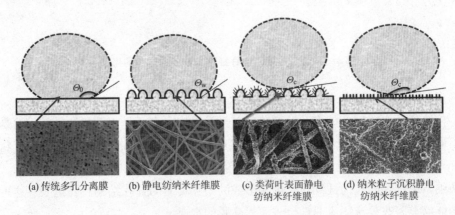

(a) 传统多孔分离膜　(b) 静电纺纳米纤维膜　(c) 类荷叶表面静电纺纳米纤维膜　(d) 纳米粒子沉积静电纺纳米纤维膜

图 4-4　不同膜表水接触角示意图及其 SEM 照片

（1）物理辐照技术

Dumée[161] 采用等 Ar 等离子体技术对疏水性 PTFE 多孔平板膜进行表面处理，并将改性后的 PTFE 膜用于 DCMD 对 3.5%（质量分数）NaCl 水溶液的脱盐中。实验研究了等离子体处理时间对 PTFE 表面水接触角的影响，发现随着处理时间由 0

增大至 30min，PTFE 膜表面 WCA 由开始的 140°迅速降低至 5min 时的 117°，之后又逐渐增大至 30min 时的 145°。研究人员将这个变化趋势归因于等离子处理中两个相互竞争的现象，机械刻蚀和化学键断裂。膜表面自由能的降低以及结构的粗糙化有助于膜表面疏水性能的提高。机械刻蚀破坏了 PTFE 膜表面，由于热拉伸工艺形成的众多微纤结构，膜表面粗糙度降低。而进一步的微纤断裂导致膜表面致密皮层的形成以及皮层中出现许多微纤间起架桥作用的结节，这种结构有助于膜表面粗糙度的增加以及氟自由基的产生。等离子处理中也会伴随着各种物质，尤其是与氟自由基有关的物质的重新沉积和分裂，有助于膜表面疏水性的提高，促进了 PTFE 膜在 DCMD 中渗透通量的增大，而 NaCl 的截留性能几乎不受其影响，仍保持在99.99%以上。

（2）引入纳米颗粒

静电纺纳米纤维膜中纳米粒子的引入通常会使膜表面粗糙度增大，图 4-5 所示为不同纳米粒子共混改性后的静电纺纳米纤维膜 SEM 照片，这有利于膜表面疏水性的增强。而且，膜表面粗糙度增大可以提高 MD 过程传热效率。膜表面出现的颗粒凸起类似于 MD 过程中的挡板效应，使得对流传热增强，导热效应减弱，从而提高传热效率。

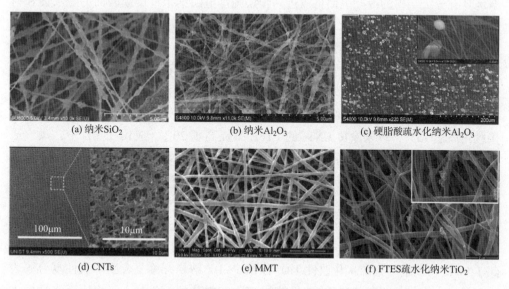

(a) 纳米SiO$_2$　　　　　(b) 纳米Al$_2$O$_3$　　　　　(c) 硬脂酸疏水化纳米Al$_2$O$_3$

(d) CNTs　　　　　(e) MMT　　　　　(f) FTES疏水化纳米TiO$_2$

图 4-5　不同纳米粒子共混改性后的静电纺纳米纤维膜 SEM 照片

相较于传统相分离法所制备的平板膜，静电纺纳米纤维膜表面粗糙，其表面WCA 通常要高于平板膜，一般的平板膜表面水滴接触现象类似于图 4-4（a），而静电纺纳米纤维膜表面则与图 4-4（b）相似。值得注意的是，由于膜蒸馏静电纺纳米纤维之间的孔隙是微米级别的，水滴极易镶嵌入微米级别的孔隙间而表现出一定黏着力，即水滴在静电纺纳米纤维膜表面不易滑动、脱落。为进一步提高膜表面疏水性，可以借鉴荷叶表面的微纳米双重结构。通过在具有微米级尺度粗糙度的静电纺纳米纤维膜表面复合纳米尺寸的凸起（如纳米颗粒），凸起表面附着有疏水性的长链段［图 4-4（c）］，这种分级结构类似于荷叶表面的乳突结构，增大了水滴和空气的接触面积，水滴在其表面的黏着力大大减弱，膜表面可以托持住完整水滴，且水滴可以轻易滑移。对于具有一定潜在污染的处理液来说，膜表面的这种自清洁效应可以有效消除膜污染。此时膜表面 WCA（θ_c）可以通过 Cassie-Baxter 方程（4-3）得到。

$$\cos\theta_c = f_{sl}(R_f\cos\theta_0 + 1) - 1 \qquad (4-3)$$

式中，f_{sl} 为水滴与膜表面直接接触的面积，很显然此时 f_{sl} 值较小，膜表面接触角 θ_c 大于粗糙表面的 θ_w。

另外一种表面结构［图 4-4（d）］均匀分布有纳米级别的凸起，这种密布有纳米凸起的表面与水滴的接触面积大大减小，水滴很难进入纳米级凸起之间的空隙，容易滑动，其膜表面 WCA 也可由式 4-3 得到。因此，构建纳米级凸起的膜表面甚至是具有分级结构的荷叶表面可以进一步增强静电纺纳米纤维膜表面的疏水性和耐污染性能。

①涂覆纳米颗粒。疏水性的纳米颗粒除了采用共混方式引入膜基体中外，还可以通过涂覆，如浸涂、真空抽滤等方式引入疏水性分离膜表面，达到提高膜表面疏水性能的目的。Dumée 等[85] 以 PE 网格为基体，在其亮面溅射 PTFE 涂层后通过真空抽滤的方法在 PTFE 涂层表面形成碳纳米管（CNTs）涂层。这种结构的复合膜表面接触角高达 155°，较未涂覆 CNTs 的 PTFE 膜提高了 20%，应用在 MD 中，蒸汽通量得到明显提高。Ren[162] 等通过水热反应和化学接枝反应将表面具有疏水性长链段的纳米 TiO_2 涂覆到静电纺 PVDF 纳米纤维膜表面，使其获得具有类似图 4-4（c）的分级结构。通过将静电纺 PVDF 纳米纤维膜浸涂 TiO_2 前驱体溶液 6s 后，经 120℃ 水热反应 60min 得到具有 TiO_2 涂层的 PVDF 纳米纤维复合膜。后经抽滤法将复合膜表面及膜孔涂覆上 1H，1H，2H，2H-全氟十二烷基三氯硅烷（FTCS），于 120℃ 加热 120min 得到最终的疏水化改性 TiO_2 涂层 PVDF 纳米纤维复合膜。改性复合膜表面粗糙度大大增加，其 WCA 由改性前的 139.7° 提高到 157.1°，膜表面疏水性大大增强，膜厚度和孔径略微增加。复合膜 DCMD 工艺对 70℃、3.5%（质量分数）的 NaCl 水溶液的截留率达到 99.99%，水通量高达 73.4kg/（$m^2 \cdot h$）。

有学者通过简单的浸涂工艺在静电纺 PVDF 纳米纤维膜表面涂覆疏水性的

FTCS，经高温水解、缩聚和固化后得到有趣的粗糙表面结构，且这种结构随 FTCS 浓度的变化呈现规律性变化，研究者将其称为自粗糙化表面结构[136]。与之前采用 FTCS 浸涂工艺对静电纺纳米纤维膜进行疏水化改性的研究[162] 不同的是，PVDF 纳米纤维膜直接经浸涂 FTCS 而非之前文献里的先水热反应得到纳米 TiO_2，再浸涂 FTCS。工艺虽然简化，但得到的改性纳米纤维膜表面结构有明显不同。随着 FTCS 浓度的增加，FTCS 的聚合产物包覆在 PVDF 纳米纤维外表面，其形貌由细小凸起发展为大颗粒褶皱，这些表面出现的凸起和褶皱尺寸都在纳米级别。正是由于这些纳米级别的凸起和褶皱使得膜表面疏水、憎油性明显增强。另外，如前文所述，采用静电喷涂的方式也可以获得均匀分布微纳米球涂层的超疏水纳米纤维复合膜。

　　除了采用浸涂、抽滤等涂覆方式外，将微纳米颗粒通过喷涂也可以对分离膜表面结构进行粗糙化构建。Zheng 等[163] 通过喷涂方式将具有微纳米结构的 SiO_2/聚苯乙烯（PS）球（SINP@PS）引入疏水性 PVDF 分离膜表面得到超支化结构的 PVDF 膜（图 4-6）。改性膜对水和十六烷的接触角分别达到 176°和 138.4°，表现出优异的两憎特性。对于采用十二烷基硫酸钠（SDS）稳定的十六烷水乳体系进行 DCMD 工艺结果表明，PVDF 膜在 700min 能够保持一个稳定的水通量。

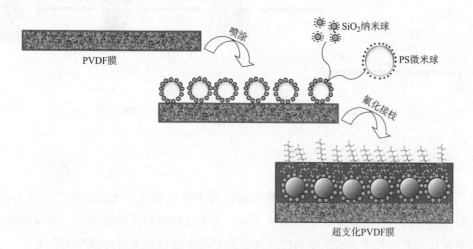

图 4-6　超支化 PVDF 膜制备过程示意图

　　②共混纳米颗粒。有学者将具有 3D 花朵结构的 Bi_2WO_6 纳米颗粒混入 PVDF 铸膜液中，后经 NIPS 法制备 PVDF 平板膜[164]。膜表面具有特别的花朵状凸起，疏水性能大大提高，用于 DCMD 脱盐中水通量达到 12.06kg/(m^2·h)，高于同条件下商品化 PVDF 膜的 9.43kg/(m^2·h)。Tijing[114] 等采用 CNTs 共混 PVDF—HFP 通过静电纺丝得到疏水化改性的 PVDF—HFP 纳米纤维膜。膜表面呈现图 4-4（c）所示结

构，其中纤维表面的串珠以及串珠表面伸出的 CNTs 管状结构组成了类似荷叶表面的微纳米乳突结构，膜表面疏水性大幅度提高，WCA 高达 158.5°。

③复合纳米颗粒层。Huang[101] 等分别以 PVA/SiO$_2$ 溶胶和 PVA/SiO$_2$ 纳米颗粒为芯层和皮层纺丝液，通过同轴静电纺丝工艺（coaxially electrospun）纺制皮芯结构 PVA/SiO$_2$ 复合纳米纤维膜，后经 800℃ 煅烧后得到 SiO$_2$ 基纳米纤维膜，进一步通过表面化学接枝全氟癸基三乙氧基硅烷（FAS）对 SiO$_2$ 基纳米纤维膜表面进行疏水化改性，图 4-7 所示为同轴静电纺制备 SiO$_2$ 基纳米纤维膜流程示意图。最终的 SiO$_2$ 基纳米纤维膜表面呈现类似图 4-4（d）的纳米粒子覆盖纳米纤维膜表面的结构。该纳米纤维膜的水接触角和油接触角分别达到 154.2° 和 149°，具有明显的两憎性，应用在 MD 中对表面活性剂有优异的抗润湿性能。

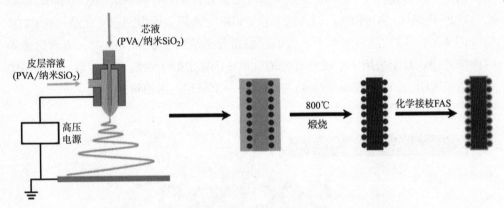

图 4-7　同轴静电纺制备 SiO$_2$ 基纳米纤维膜流程示意图

4.2.2　膜表面形貌构建

膜表面宏观形貌的变化会引起膜蒸馏过程中料液局部流动状态发生相应变化，从而使传质传热过程发生改变。宏观上讲，通常分离膜如平板膜或中空纤维膜表面是平直状态的，若将此状态变为凹凸弯曲的则势必会对膜蒸馏过程产生影响。

（1）膜蒸馏用平板膜表面形貌凹凸化

学者们通过各种途径使平板膜表面宏观形貌呈现凹凸化，这种形貌结构有利于膜蒸馏传质过程的进行。具有多孔粗糙结构的网格可以在分离膜表面留下相应的粗糙结构。Kharraz 等[165] 首先采用在 PVDF 液膜表面覆上一层 3.5mm×3.5mm 的正方形孔眼网格的方法，成型过程中将网格去除，从而得到一种表面波浪形凹凸结构的 PVDF 疏水膜。其 DCMD 脱盐水通量在连续运行 103h 后仅下降 10.7%，明显低于

较未凹凸化的 PVDF 膜的 66.6%。凹凸化形貌结构的 PVDF 膜表面无机盐沉积很
少,且膜表面微孔呈打开状态,而平整 PVDF 膜表面则沉积了大量的无机盐并形成
一层厚的无机盐垢。之后,在此基础上,Zhao 等[166]以表面形貌为凸面结构的不锈
钢网格(SSM)为模板在其表面形成 5mm 厚的聚二甲基硅氧烷(PDMS)薄膜,经
剥离后作为一种凹面基体,如图 4-8(a)所示,再分别以平整光滑的玻璃板和凸
面 SSM 为另外两种基体。采用这三种基体经 NIPS 法形成不同表面形貌结构的
PVDF 膜,如图 4-8(b)所示,分别为平整、花瓣形凸面以及波浪形凹面结构,并
将其用于 DCMD 脱盐中。凸面 PVDF 膜表面以及凹面 PVDF 膜表面的接触角分别达
到 153°和 164°,均高于平整 PVDF 膜的 130°。其中凹面结构 PVDF 膜的 DCMD 水
通量最大且具有优异的耐污染性能。

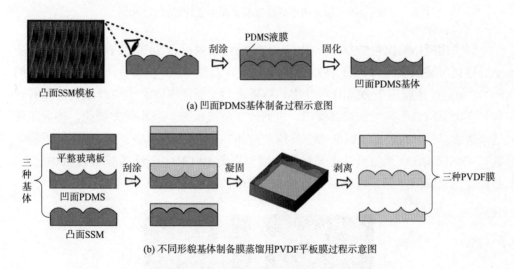

(a) 凹面PDMS基体制备过程示意图

(b) 不同形貌基体制备膜蒸馏用PVDF平板膜过程示意图

图 4-8　基体材料及膜的制备过程示意图

(2)膜蒸馏用中空纤维膜表面形貌卷曲化

中空纤维膜可以通过异形化、编织等工艺改变膜蒸馏过程中料液在膜表面的流
动状态和程度。通过后处理方式可以有效改变常规中空纤维膜形状或性能。
Yang[167]等采用类似的热定型卷曲工艺制备卷曲 PVDF 中空纤维膜,将伸直的 PVDF
中空纤维膜[图 4-9(a)]绕纱角 60°进行缠绕后,于 60℃烘箱中加热直到卷曲形
状持久定型(热定型时间约 1h),得到卷曲 PVDF 中空纤维膜,如图 4-9(b)所
示。结果表明,卷曲型膜组件中呈现明显的横向流动,料液混合效应增强,MD 水
通量明显提高。而伸直型编织膜组件在其中心部位出现明显的流动通道,即流动直
流区,同时存在横向流,促进了水通量的提高。

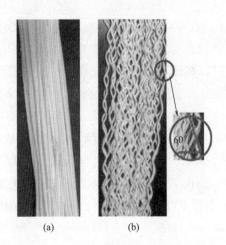

图 4-9　伸直中空纤维膜和卷曲中空纤维膜照片

　　另采用网格编织将常规伸直型 PVDF 中空纤维膜以及 50% 卷曲和 50% 伸直型中空纤维膜组装成膜组件，分别如图 4-10（a）及图 4-10（b）所示。采用卷曲的 PVDF 中空纤维膜用于 DCMD 脱盐中，结果表明，卷曲 PVDF 中空纤维膜可以有效增强膜蒸馏料液与膜表面局部紊流，进而改变层流状态，减小温差极化，提高膜渗透水通量。所开发卷曲 PVDF 中空纤维膜应用在 DCMD 脱盐中，对 3.5%（质量分数）、70℃的 NaCl 水溶液的水通量较常规伸直的 PVDF 中空纤维膜提高 300%，温差极化明显降低（温差极化系数为 0.81~0.65，温度为 30~60℃）。

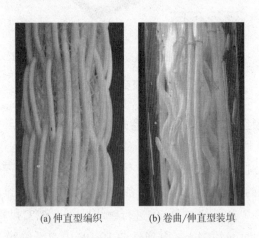

(a) 伸直型编织　　　　　(b) 卷曲/伸直型装填

图 4-10　不同形貌结构的中空纤维膜组件

　　Teoh[168] 等将 PP 中空纤维膜经加捻—捆束处理后组装成膜组件，另通过热定型方式制备卷曲 PVDF 中空纤维膜并装填成膜组件（图 4-11）。结果表明，这两种

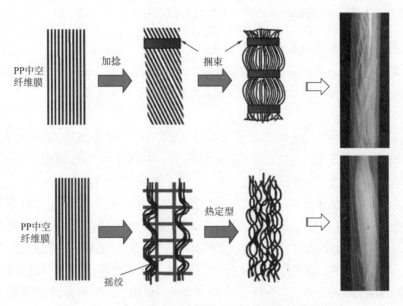

图 4-11　不同构型中空纤维膜组件及其制造过程示意图

构型中空纤维膜组件有效增强了局部料液紊流，DCMD 脱盐水通量提高 36%左右。

4.3　Janus 膜

MD 作为热驱动分离过程，热量应尽量用于蒸发形式的潜热传递，减少因热传导而产生的热损失。MD 过程中热传导主要为膜孔道中的气体导热和膜主体材料导热。因此，应使用有低导热系数的膜材料。一般亲水材料的导热系数低于疏水材料，因此使用亲水材料作为膜主体材料有助于提高热效率，减少热损失。另外，由于气体的导热系数远远小于固体，因此增加膜的孔隙率可以有效降低由于导热造成的热损失。膜蒸馏技术要求分离膜必须是疏水性的多孔膜，严格意义上讲疏水性应该是指与热液侧接触的那面分离膜表面必须是疏水性的，而膜渗透侧及冷液侧的膜表面若是亲水性的则可以在增大蒸汽传质速率的同时提高传热效率（亲水性膜材料热阻一般大于疏水性材料，膜材料本身的导热速率减弱）。Janus 膜是分离膜领域的一个新兴概念，一般是指具有不对称结构或者性质的分离膜，如亲水性/疏水性Janus 膜、荷正电性/荷负电性 Janus 膜等。单纯的结构或组成上的不对称不能被称作 Janus 膜，Janus 膜最大的优势在于可以同时满足某一应用中对两种矛盾性质的需求。

4.3.1　Janus 平板膜

在常规疏水性平板膜表面通过各种途径复合上一层亲水层，是目前制备 Janus 平板膜的主要制备方法。其中可以采用共刮涂法一次得到 Janus 平板复合膜或者通过各种涂层方法将亲水性涂层涂覆在疏水分离膜表面。

（1）共刮涂法

与共挤出法制备 Janus 中空纤维复合膜类似，共刮涂法制备 Janus 平板膜是通过双刮刀的刮涂机［图 4-12（a）］分别在同一基体上（如玻璃板）前后依次刮制不同厚度、不同材质的液膜，如图 4-12（b）所示，之后经凝聚固化成型，直接得到双层 Janus 平板复合膜。共刮涂法工艺简单，平板复合膜厚度可以单独调整、一次成型且无须后处理，但成膜过程及孔形成机理较单层平板膜要复杂得多。Liu[169] 等采用共刮涂法制备了 PVDF/PVDF—PVA 双层 Janus 平板复合膜，其中 PVDF 与 PVDF—PVA 分别作为疏水层和亲水层，疏水层厚度和总厚度分别为 30～60μm 和 100～150μm。Janus 平板复合膜应用在 DCMD 脱盐中表现出高的水通量，达到 165.3kg/（m^2·h）（80℃，质量分数 3.5% 的 NaCl）。

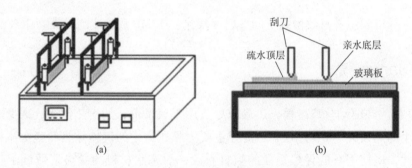

（a）　　　　　　　　　　　　　（b）

图 4-12　平板膜共刮涂机及其刮膜过程示意图

（2）涂层法

将亲水性物质通过涂层工艺，如喷涂、层层自组装等涂覆在疏水平板膜表面从而制得 Janus 平板复合膜，这是一种简单有效的方法。Han[170] 等采用喷枪喷涂方法在 PVDF 平板膜表面先后喷涂羧基改性的 CNTs 和 PVA，得到的 Janus 平板复合膜亲水层厚度在 15μm 左右，用于 DCMD 中表现出优异的耐油污染性能。Li[171] 等通过层层自组装法在氧等离子体处理的商品化 PTFE/PP 平板膜表面涂覆 Teflon AF1600 和聚多巴胺，Janus 平板复合膜顶层疏水层和底部亲水层水接触角分别达到 145.1° 和 33.5°。表现出优异的耐润湿性和耐污染性。在 DCMD 处理含腐殖酸和原油的多组分含盐废水中，Janus 平板复合膜表现出优异的水通量恢复率，达到 50%。

4.3.2　Janus 中空纤维膜

膜蒸馏过程中热主要是通过导热系数远高于气体的膜材料本身传递的，因此增强传质可以通过减小蒸汽在分离膜中的传递距离进行。这就意味着膜厚的减小，势必带来热损失的增大以及 LEP 和膜蒸馏性能的下降。而在渗透侧引入亲水层可以有效解决增强传质和减小膜厚之间的矛盾，Janus 中空纤维膜中传热传质过程如图 4-13 所示。具有非对称润湿性能的疏水/亲水双层中空纤维膜在膜蒸馏领域具有很大的潜力。相较于 Janus 平板膜，Janus 中空纤维膜的制备方法更多，主要包括共挤出法以及涂层法。

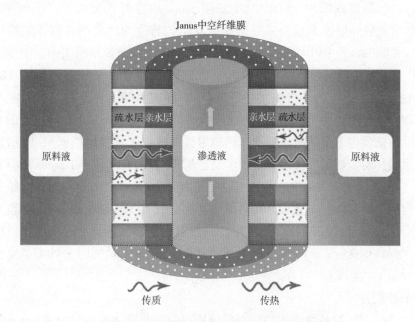

图 4-13　Janus 中空纤维膜中传热传质过程示意图

（1）共挤出法

疏水/亲水双层 Janus 中空纤维复合膜多采用共挤出纺丝法得到。新加坡国立大学 Chung Tai-Shung 教授课题组在共挤出纺丝方面做了许多工作，且在膜蒸馏用疏水/亲水双层 Janus 中空纤维复合膜的制备方面取得了显著成果。课题组采用共挤出纺丝工艺制备 PVDF/聚丙烯腈（PAN）Janus 中空纤维复合膜，分别在外层 PVDF 纺丝液中引入疏水硬石膏 15A，在内层 PAN 纺丝液中引入亲水硬石膏 NA^+，对复合中空纤维膜做相应的疏水/亲水改性[172]。为了防止双层中空纤维界面处发生分层现象，内层纺丝液中也同时引入少量 PVDF 以增加内外层界面的黏结力。另外，实验在 PAN 内层引入石墨烯和多壁碳纳米管 MWNT 来减小膜蒸馏过程中的热损失，进一步提高热效率。所纺 Janus 中空纤维复合膜应用在 DCMD 脱盐中，对 80.4℃、3.5%（质量分数）的 NaCl 水溶液截留率为 99.8%，水通量达到 66.9kg/（m² · h）。之后课题组将所开发的双层疏水/亲水 PVDF/PAN Janus 中空纤维复合膜（亲水陶瓷硬石膏 NA⁺ 和疏水陶瓷硬石膏 15A 引入）应用在 DCMD 和膜结晶（MC）组合工艺中，通过冷却饱和 NaCl 溶液分离提纯 NaCl[173]。实验得到的 NaCl 晶体呈立方体形状，可以通过调节过饱和度来调整最终的晶体分布（CSD）。

　　添加剂种类对疏水/亲水双层 Janus 中空纤维复合膜结构与性能有重要影响，Chung Tai-Shung 教授课题组在疏水层中引入疏水添加剂氟化硅（FSi）和甲醇（MeOH），制备膜蒸馏用 PVDF/PAN 双层 Janus 中空纤维复合膜[29]。实验证明，MeOH 的引入使外层膜表面由多孔团聚球状结构转变为致密的互相连接的球状结构，而 FSi 的引入使 PVDF 膜疏水性明显增强。DCMD 测试结果表明，中空纤维膜对 80℃、3.5%（质量分数）NaCl 水溶液截留率为 99.98%，水通量高达（83.40±3.66）kg/（m² · h）。为了提高渗透通量，MD 用疏水膜孔隙率尽量大，壁厚尽量小。然而，这样所得膜的机械强度通常会大大降低，不利于 MD 热环境下的长期使用。因此，该课题组又将机械强度和热稳定性优良的亲水聚醚酰亚胺（PEI）用作内层亲水膜材料，通过共挤出纺丝技术制备疏水/亲水 PVDF/PEI Janus 中空纤维复合膜[30]。为了解决 PVDF/PEI 界面分层及孔结构较为致密两个问题，实验中通过调节纺丝液组成和纺丝工艺，并在内层纺丝液中引入 Al₂O₃ 纳米颗粒，获得多孔的无界面分层的双层 PVDF/PEI Janus 中空纤维复合膜。实验证明所制备中空纤维膜拉伸强度提高了 350%，VMD 脱盐水通量达到 45.8kg/（m² · h）（70℃，质量分数 3.5%的 NaCl 水溶液）。

　　（2）涂层法

　　通过涂层方法对传统亲水性中空纤维膜材料进行疏水化改性制备 Janus 膜，利用亲水性膜材料较小的温差极化效应和热损失可以有效提高膜蒸馏蒸发效率和渗透水通量[59]。浙江大学 Xu Zhikang 教授课题组对 Janus 中空纤维膜做了系统而深入的研究。Yang[28] 等通过流动涂覆在 PP 中空纤维膜内腔中涂覆亲水性聚多巴胺（PDA）和聚乙烯亚胺（PEI）涂层，通过调整涂覆时间控制涂层厚度。Janus 膜外层 WCA 在 106°左右，而亲水内层随涂覆时间逐渐增大至 6h，其 WCA 由最初的 106°迅速减小至 35°左右，亲水性显著增强。DCMD 脱盐测试表明，所制备 Janus 中空纤维膜的水通量随涂覆时间的延长而增大，涂覆 2h 水通量增大 120%。同时，Janus 膜对 10g/L、70℃的 NaCl 水溶液截留率在连续 72h 测试过程中始终保持在 99%以上。

　　热稳定性和力学性能优异的聚二氮杂萘酮醚砜酮（PPESK）作为高性能亲水膜

材料已经应用在微滤（UF）膜[174-175]和纳滤（NF）膜的制备中[176]。而作为热驱动的膜蒸馏，如若能利用其本身良好的亲水性、热稳定性能和机械稳定性能的同时，结合疏水膜层制备 Janus 膜，将其应用在膜蒸馏中，将具有很好的前景。Jin[177]等以 DMAc 为溶剂，通过 NIPS 法制备 PPESK 中空纤维膜，采用流动涂覆工艺在 PPESK 中空纤维膜内表面分别涂覆硅橡胶和聚三氟丙基硅氧烷溶胶，制备 Janus PPESK 中空纤维复合膜，并将其应用在 VMD 脱盐中。当涂层液温度为 60℃，涂覆时间 9h，硅橡胶浓度为 5g/L，复合膜水通量达到 3.5kg/(m² · h)。聚三氟丙基硅氧烷溶胶预聚合时间越长，PPESK 复合膜水通量越低，预聚合时间为 30min 时，复合膜水通量达到 3.7g/L，NaCl 截留率为 94.6%。两种 Janus 膜长时间膜蒸馏性能均较稳定，体现出良好的抗润湿能力。

聚四氟乙烯（PTFE）不仅具有优异的疏水性能，而且其本身的成膜性、力学性能以及化学稳定性均十分优异。但其难溶且难熔，较难直接将其作为疏水性涂层施加在分离膜表面。Figoli[86]采用原位聚合的方法，将聚酰胺（PA）多孔分离膜（0.1~0.45μm）浸渍于由 PTFE 的低聚物（PFPE 骨架，M_w = 4000g/mol）、溶剂（乙酸丁酯）和光引发剂（HFE7100）组成的溶液体系中，后经 UV 辐照，在 PA 分离膜表面聚合上一层 PTFE 疏水涂层。所得 PTFE/PA 复合膜 WCA 由纯 PA 膜的 41°增大至 155°，疏水性明显增强，用于 DCMD 脱盐中表现出良好的脱盐性能（0.6mol/L NaCl，截留率为 99.6%）。图 4-14 所示为传统浸涂法制备疏水性 PTFE/PA 复合膜流程示意图。

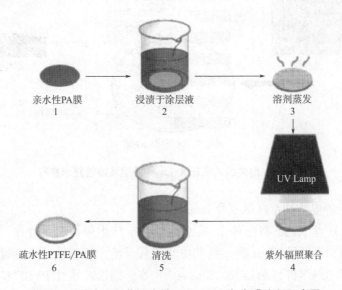

图 4-14　浸涂法制备疏水性 PTFE/PA 复合膜流程示意图

4.3.3　Janus 静电纺纳米纤维膜

常规静电纺纳米纤维膜作为平板膜形式的一种，其膜类型的设计与平板膜类似，可以通过各种复合工艺得到复合膜。目前，已成功开发一些传统的平板和中空纤维形式的 Janus 膜并应用到膜蒸馏中。与平板 Janus 膜类似，若将静电纺纳米纤维膜（疏水/亲水）与另一种静电纺纳米纤维膜、传统分离膜或其他多孔基体材料（亲水/疏水）结合起来，即可得到可应用到膜蒸馏中的静电纺纳米纤维 Janus 膜。图 4-15 所示为静电纺纳米纤维 Janus 膜膜蒸馏过程示意图。由于静电纺纳米纤维膜本身可以理解为一种特殊的纤维涂层工艺，因此目前学者们多是将此涂层工艺与不同多孔基体，如纳米纤维膜、传统分离膜以及非织造布结合起来，得到各种结构和材质的静电纺纳米纤维 Janus 复合膜。

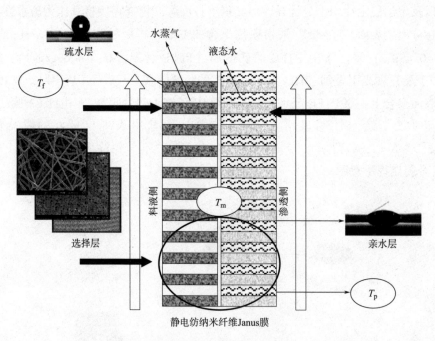

图 4-15　静电纺纳米纤维 Janus 膜膜蒸馏过程示意图

（1）双层静电纺纳米纤维复合 Janus 膜

通过静电纺丝工艺，将两种亲/疏水性的纳米纤维膜材料结合在一起，从而获得双层静电纺纳米纤维 Janus 膜。静电纺丝工艺灵活，可以通过设计每层静电纺丝工艺得到需要的纳米纤维膜结构。Khayet[178] 等分别以疏水性 PVDF 和亲水性聚砜（PSF）配制纺丝液，通过调节各自静电纺丝时间分别控制疏水层和亲水层厚度。

其中较薄的 PVDF 疏水层有利于质量传递和分离，而较厚且孔径较大的亲水层可以在促进质量传递、减少热损失的同时起到机械支撑作用。实验发现，PVDF 层厚度减小有利于 Janus 膜杨氏模量的增大，PSF 层厚度增大，其弱的导电性使纤维网中纤维排斥力增强，形成的纳米纤维膜结构变得疏松，从而导致 Janus 膜 LEP 降低。双层静电纺纳米纤维 Janus 膜应用在 DCMD 工艺脱盐中（原液为 80℃、30g/L 的 NaCl 水溶液），膜水通量达到 47.7kg/（m² · h），NaCl 截留率达到 99.99%。同样 MD 测试条件下，单层静电纺 PVDF 纳米纤维膜水通量仅为 32.9kg/（m² · h）。

类似地，Woo[179] 等通过静电纺丝工艺制备了以 PVDF—HFP 为疏水顶层，分别以 PVA、尼龙-6（N6）、聚丙烯腈（PAN）为亲水性底层的双层静电纺纳米纤维 Janus 膜。疏水层和亲水层表面 WCA 分别大于 140°和小于 90°。应用在 AGMD 处理 60℃、3.5%（质量分数）的 NaCl 水溶液脱盐中，膜水通量高达 35kg/（m² · h），是纯 PVDF—HFP 纳米纤维膜水通量的 2 倍。

（2）静电纺纳米纤维膜/传统分离膜复合 Janus 膜

将高孔隙率的静电纺纳米纤维膜与具有小孔径及窄孔径分布、高 LEP 的传统相分离膜结合起来，分别作为复合 Janus 膜中的亲水层和疏水层，与 MD 冷侧渗透液和热侧原料液接触，亲水性纳米纤维膜的高孔隙率和大孔径有利于 MD 过程中蒸汽的快速传递，同时减少热损失，而疏水性和多孔性分离膜可以确保复合膜的高脱盐率以及耐润湿性能，从而有效提高膜蒸馏性能。Ray[180] 等以传统 PP 分离膜为基体，通过静电纺丝工艺在其表面复合聚乙烯醇（PVA）纳米纤维膜，得到亲水/疏水的 PVA/PP 复合 Janus 膜，并应用在 DCMD 对 55℃、10g/L 的 NaCl 水溶液脱盐中。静电纺丝中采用表面活性剂调节 PVA 纳米纤维形貌，以得到无串珠纤维的纳米纤维膜。结果证实，结构优化后的静电纺 PVA 纳米纤维膜/PP 复合 Janus 膜在保证高脱盐率（99%）的同时，其水通量达到传统 PP 分离膜的 2 倍。

静电纺纳米纤维膜/传统分离膜复合 Janus 膜除了应用在 MD 中改善膜性能，尤其是提高水通量外，在含油体系的 MD 工艺中，将亲水性静电纺纳米纤维膜用作表层与含油料液接触可以有效降低疏水性底层表面的油污染。一些抗油污的静电纺纳米纤维膜/传统分离膜复合 Janus 膜被开发出来，如 PVA 纳米纤维膜/PTFE 复合膜和醋酸纤维素（CA）纳米纤维膜/PTFE 复合膜等。

（3）静电纺纳米纤维膜/多孔基体复合 Janus 膜

亲水性多孔基体可以在满足其基本机械增强作用的前提下，加速 MD 过程中的蒸汽传递过程，进而提高膜水通量。将疏水性静电纺纳米纤维膜与亲水性多孔基体结合得到的复合 Janus 膜可以实现 MD 传质效率强化。鉴于纳米纤维膜的高孔隙率以及多孔基体的大孔径，为了保证 MD 用膜具有高的 LEP 而不被润湿，Prince[60] 等通过热压和溶剂黏合工艺将静电纺 PVDF 纳米纤维膜与具有亲水性聚酯（PET）非织造布支撑的 PVDF 多孔分离膜复合在一起，得到所谓的三层复合膜。三层复合膜中每层都有各自的作用，顶层疏水性 PVDF 纳米纤维膜可以阻止液态水分子渗透，其高孔隙率（70%~90%）可有效减小 MD 过程中的热量损失。中间层 PVDF 分离膜可以增加 LEP，抑制膜长期使用中易出现的膜孔润湿，而底部亲水性 PET 非织造布可以加速蒸汽透过并进一步减少热量损失。复合 Janus 膜用于 AGMD 工艺处理3.5%（质量分数）、80℃的 NaCl 水溶液，膜水通量是 PVDF/PET 复合膜的 1.5 倍，脱盐率也高于 PVDF/PET 复合膜。复合 Janus 膜连续运行 40h，膜水通量和脱盐率基本保持不变。

4.4 本章结论

作为影响膜蒸馏过程的关键因素之一，疏水性分离膜除了应具备优异的疏水性能外，其膜结构以及导热性能对膜蒸馏传质和传热过程也有着至关重要的影响。近年来，膜结构优化方面的研究主要包括膜厚度、孔隙率、膜孔径和孔径分布、膜孔道弯曲度等，而膜导热性能的工作主要侧重于可用于膜蒸馏用的 Janus 分离膜的开发。学者们在膜蒸馏用分离膜的膜结构优化以及各种 Janus 分离膜的制备与性能研究方面取得了相当的成果，但仍然存在一些需要解决和探讨的问题。

（1）疏水分离膜表面微观结构与宏观形貌结构对膜蒸馏传热、传质过程的影响关系需要深入研究。

（2）作为一种外观形貌灵活多样的中空纤维膜而言，需加强研究可用于膜蒸馏的异形截面结构的中空纤维膜的纺制工艺并探究其对膜蒸馏过程的影响。

（3）目前 Janus 静电纺纳米纤维膜的制备主要集中在不同多孔基体的选择方面，而作为传统分离膜常用的刮涂以及浸涂工艺则很少应用。

（4）静电纺纳米纤维膜具有特殊的多孔粗糙表面，因此极易引起较传统相分离膜更为严重的膜污染，需加强静电纺纳米纤维膜表面结构与膜污染之间的相关关系研究。

第5章 膜蒸馏过程研究

作为一种热驱动的膜分离技术，膜蒸馏过程除了与疏水性分离膜密切相关外，膜组件结构形式以及热料液侧和渗透侧流体的流动状态都直接影响了膜蒸馏传热和传质过程的进行。如图5-1所示，典型直接接触式膜蒸馏过程传热传质阻力不仅与分离膜有关，而且与热料液（热边界层和浓度边界层）以及渗透液状态（热边界层）等因素相关。虽然膜蒸馏料液压力很小，但由于疏水膜一侧长期与热料液侧接触，不可避免地会产生膜污染的问题。本章重点综述了近年来膜蒸馏过程，包括膜组件优化及膜污染的研究。其中，膜组件优化涉及膜长度、膜组件装填密度、膜排列方式优化、热料液侧优化、渗透侧优化等。由于在长期操作过程中，膜污染是不可避免的，本章主要从膜污染的减缓及膜污染物的去除两方面进行综述。

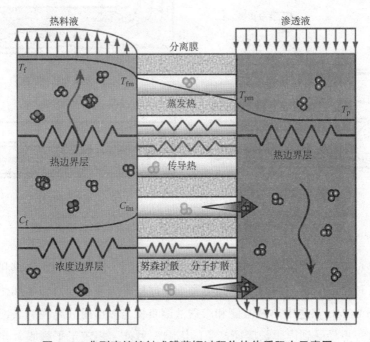

图5-1 典型直接接触式膜蒸馏过程传热传质阻力示意图

5.1　膜组件优化

5.1.1　膜组件参数优化

（1）膜长度

膜片或膜丝长度直接影响膜蒸馏过程 Nusselt 数的不同，而传统 Nusselt 数是建立在工业化较大膜组件上得到的，对于实验室研究用膜蒸馏膜组件而言需要校正。由于实验室研究用膜蒸馏膜组件的设计常将流体以直角角度进入和流出，因此流体流动对膜组件中心施加向心力，从而增加膜表面附近流体的混合和速度，如图 5-2（b）所示。Dudchenko[181] 等指出短的膜组件的传热过程主要受控于流体进出口的角度，而随着膜蒸馏用膜组件长度的增大，传热过程将会由膜组件整体流动状态决定而非流体进出口的角度，如图 5-2（c）所示。

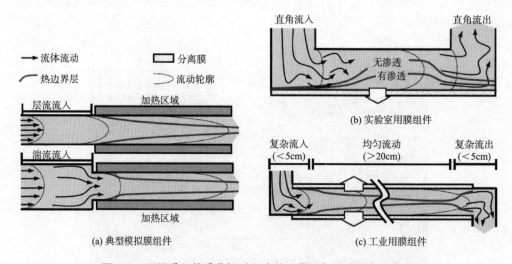

图 5-2　不同膜组件膜蒸馏过程中热边界层与流动状态示意图

　　流体经过不同长度的膜产生的流动通道长短不同，由此对 MD 传热和传质过程产生影响。近年来学者们研究了不同类型 MD 过程中的膜长度对传质和传热过程的影响，由于 DCMD 工艺中热料液侧和渗透液侧直接与 MD 用分离膜两表面接触，其传质传热过程更易受到由膜长度而产生的影响。另外，相较于平板膜，作为大长径比的中空纤维膜具有更高的比表面积，在膜蒸馏过程中，温度和通量沿中空纤维膜长度方向会呈现更加明显的梯度变化。其膜丝长度会对传质传热过程产生更加明显的影响。因此，关于中空纤维膜长度与 DCMD 过程间的相互关系研究较多。Ali[182]等对长度在 10~2000cm 之间变化的 PP 中空纤维膜 DCMD 脱盐性能进行了模拟研究。性能和成本分析表明，较长中空纤维膜需要更大膜面积来处理一定流速下的热料液且渗透液温度会更高。模拟的最优膜长度主要取决于 DCMD 的热料液流速，热料液进口温度在 80℃ 时最优膜长度在 3~10m 之间，此时的回收因子达到 70%。Xu[27] 等研究了氟化聚噁二唑（POD）中空纤维膜长度对逆流 DCMD 处理含盐石油采出水的影响。结果表明，膜组件长度由 10cm 增大至 30cm，料液出口温度及膜蒸馏水通量均逐渐减小，研究人员将其归因于沿纤维长度方向料液的停留时间延长，跨膜温度差减小，膜蒸馏驱动力逐渐降低。Wang[109] 等将 PTFE/PVDF 共混中空纤维膜应用在 DCMD 处理冷冻蒸馏（ICFD）浓盐水中。实验研究了膜组件长度（15/25/35cm，装填密度为 20%）对 DCMD 渗透通量和能量效率（EE）的影响。膜组件长度的影响与 Xu[27] 等研究的结果类似，实验还发现在较高料液温度下，通量的下降更为严重。研究人员认为，较高的料液温度降导致较高的热传导通量，使沿组件长度方向驱动力加速降低。随组件长度增大，热传导效应的增强，导致渗透侧蒸馏物温度急剧增大，而跨膜温差则相应减小，这就导致能量效率增加。

此外，也有学者研究了其他 MD 工艺，如 AGMD、SGMD 和 VMD 膜长度影响方面的研究。Ruiz-Aguirre[183] 等研究了长度分别为 1.5m 和 5m 的 PP 卷式膜组件的 AGMD 过程。结果发现，膜组件长度越长，AGMD 热效率越高而渗透通量降低。Karanikola[184] 等采用校准模型精确模拟了 PVDF 中空纤维膜 SGMD 水通量以及热料液进出口温度，发现蒸发热、跨膜热传导以及膜组件壳程侧的水的冷凝是渗透水以及吹扫气温度沿膜长度方向分布的主要决定因素。实验测量结果表明热料液温度沿膜长度方向的降低对 SGMD 水通量的影响不大，达到 23%。虽然在大的膜孔中 Knudsen 效应较弱，但是足够长的膜组件可以使渗透侧的水蒸气接近于饱和状态，此时提高水通量的唯一途径则是增加热料液温度或者吹扫气流速。为了进一步增强 MD 传质及传热效率，新型 VMD 膜组件，如浸没式 VMD（S-VMD）以及错流式 VMD（X-VMD）膜组件被开发出来。有学者推荐对于实验室用 MD 膜组件，适宜采用长度较短、直径较大的膜[185]。比较不同长度下实验用 VMD 中空纤维膜（8~10cm）的 VMD 脱盐性能，发现同一类型下 VMD 膜丝长度越大，有效膜面积越大，随之膜渗透通量也越大。另外，有学者通过模拟得出较短长度的中空纤维膜 DCMD 渗透通量的增大主要是渗透液出口温度降低[186]。

（2）膜组件装填密度

中空纤维膜具有高的比表面积，而在膜蒸馏过程中，其膜组件过高的装填密度会对传质传热过程产生负面影响。因此，必须合理设计并优化中空纤维膜组件装填密度。装填密度越高，膜渗透通量越低、能量效率（EE）增大，尤其在处理温度高的料液时，这种现象更明显。这与膜组件长度的影响类似，装填密度增大，膜面积和渗透侧流速增大，导致热转移速率加快，跨膜温差减小，蒸馏驱动力下降。Ki[187] 等采用多元线性回归（MLR）方法分析中空纤维膜长度及孔径等微观因素以及料液温度、纤维直径、装填密度和膜组件壳体尺寸等宏观因素对 DCMD 脱盐性能的影响。分析结果表明，宏观因素对 DCMD 性能的影响要甚于微观因素。

（3）膜排列方式优化

膜组件中中空纤维膜的排列方式对热料液侧流动状态及最终膜蒸馏性能有很重要的影响。Ghaleni[188] 等研究了不同截面形状排列的中空纤维膜组件的 DCMD 过程。这些截面形状有六边形、正方形和三角形，如图 5-3 所示。其中 a、R、t 分别代表中空纤维膜两圆心间距离（即纤维间距）、外径以及膜厚度。三维多重物理模型模拟了不同中空纤维膜排列形状对 DCMD 脱盐性能的影响。模拟结果表明在纤维间距与纤维直径适宜比例的前提下，紧密排列的中空纤维膜组件（如三角形）渗透通量可以提高 54%。中空纤维彼此紧密相邻，即纤维间距为 0 时，DCMD 水通量将急剧下降。

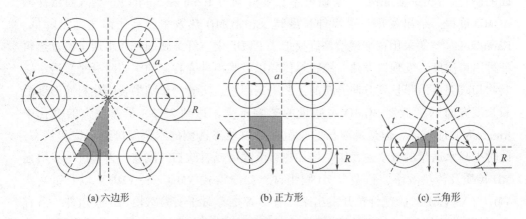

(a) 六边形   (b) 正方形   (c) 三角形

图 5-3　不同排列形状中空纤维膜截面示意图

Liu[189] 等对中空纤维膜组件中纤维交叉角和纤维间距做了模拟分析，如图 5-4 所示。当纤维间距为纤维外径的 2.5 倍、纤维交叉角为 60° 或 90° 时，中空纤维膜 MD 渗透水通量达到最大。当料液进口流速加快、纤维交叉角和纤维间距增大时，进料侧进出口压降减小，膜表面剪切应力降低，温差极化和浓差极化现象得到有效减弱。

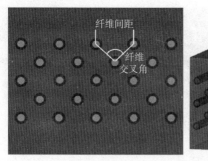

图 5-4　中空纤维膜排列示意图

5.1.2　热料液侧优化

作为一种热驱动的膜分离过程，对于不同类型的 MD 工艺，热料液侧是必不可少的也是直接影响 MD 传热传质过程的一个重要因素。目前的研究主要集中在通过不同膜组件设计改变热料液侧流动状态以及减弱传质阻力这两个方面。

（1）改变热料液侧流动状态

热料液侧影响 MD 传热传质过程的主要因素即靠近分离膜表面的边界层厚度，因此，如何通过改变热料液侧流动状态以减小热料液侧边界层厚度成为目前热料液侧优化 MD 工艺的重点。各种各样的膜组件优化方法被应用到改变热料液侧流动状态中，如在热料液侧增加各种导流板和螺旋线（图 5-5）、隔网（图 5-6）以及设计各式流动通道（图 5-7）等。

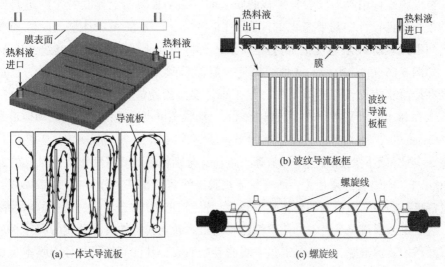

图 5-5　导流板以及螺旋线设计示意图

图 5-6　不同形状隔网示意图

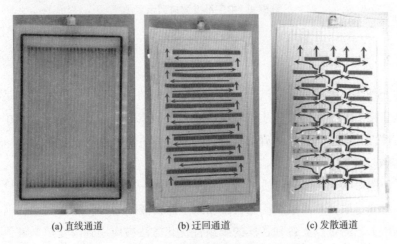

(a) 直线通道　　　　　　(b) 迂回通道　　　　　　(c) 发散通道

图 5-7　各种流动通道示意图

平板膜组件中具有较大且平整的膜表面，在平板膜面上建立特定的进料通道是平板膜组件设计中需要考虑的问题。Elhenawy[190] 等在 AGMD 空气间隙和冷凝板之间引入具有一定厚度的波纹板框，从而将冷凝板设计成具有波纹凸起的结构，如图 5-5（b）所示，这种结构使冷凝面积明显增大，到达渗透侧的水蒸气可以在冷凝板表面快速冷凝下来。结果也证实渗透通量和造水比（GOR）分别提高了 20% 和 40%。平板膜表面热料液侧的流动状态可以通过设计各式流动通道来改变。Criscuoli[191] 等对各种流动通道的平板膜组件（图 5-7）的 DCMD 工艺进行了研究。实验在不同的进料温度和流速下进行，分别将渗透侧温度和流速固定在 20℃和 100L/h。与直线通道相比，所有折流板膜组件 [图 5-7（b）和图 5-7（c）] 的通量都更高，显示出更高的整体传热系数。根据 DCMD 渗透通量、能耗值以及压降值，确定发散通道是最有效的热料液流动通道。卷式膜组件具有紧凑的膜片组装形式以及高的装填密度，一般是通过平板膜卷制而成，其性能除了与分离膜本身相关外，还取决于料液格网等因素。为了提高 MD 传热系数，Hagedorn[192] 等设计了一系列不同形状的进料液隔网（图 5-6），以此改变热料液流动状态，提高卷式膜组件 DCMD 传热效果。结果表明，具有高的平均筛孔孔径与厚度比的隔网其 DCMD 渗透水通量最高。Albeirutt[193] 等在此基础上研究了不同形状隔网下，热料液流入角度对 DCMD 平板膜渗透通量的影响。隔网形状不同，热料液流入角度由 0 到 150° 之间变化，相应的雷诺数在 200~900 间变化，同时热料液侧和渗透侧之间的温差始终维持在 13℃。对于所有形状的隔网，传热系数均随热料液流动速率的增大而增加且当热料液流入角度在 45° 时传热系数达到最大。对于管式膜组件而言，因其具有较其他膜组件类型更大的料液通道，有学者在其热料液侧缠绕不同高度的螺旋线（2cm 及 3cm）以形成所谓的螺旋流动通道，以提高 DCMD 在不同流动形式下（并流和逆流）的水通量，同时保持较高的能效[194]。采用 2cm 高螺旋线，在 60℃、3.5%（质量分数）NaCl 水溶液，0.8L/min 逆流状态下，管式膜水通量提高了 39.6%。

在中空纤维膜组件中增加隔板可以有效增强传热效率，使膜蒸馏通量得到提高。Teoh[168] 等在 PP 中空纤维膜组件中设置垂直于中空纤维膜的隔板以增强料液湍流，隔板由三种选形式。一是网格隔板，每个网格可穿入十根左右中空纤维膜，二是窗户式隔板，即圆形隔板是由两个半圆组成，三是螺旋形隔板置于中空纤维束中心位置。DCMD 测试结果表明，隔板的引入确实使传质效果提高，窗户式隔板和螺旋形隔板膜组件的水通量提高了 20%~28%。网格式隔板的出现使膜组件有效膜面积增大了 18%~33%，水通量提高了 33%。Yu[195] 等分析对比了 PVDF 中空纤维膜组件中设置环形挡板前后的膜蒸馏性能变化。结果发现，膜组件中环形挡板的引入对膜蒸馏性能提高有很重要的促进作用，此时温差极化减弱，料液侧边界层传热阻力明显下降，这种现象在料液温度较高时更加明显。为了增加中空纤维膜和热料液的有效接触面积，中心管式圆柱形膜组件可以采用错流流动方式以增大膜蒸馏有效面积，提高水通量。Singh[186] 制作了中心管式圆柱形硅氧烷涂层 PP 中空纤维膜组件并应用于 DCMD 脱盐。中心管表面分布均匀的孔有效增强了热料液的分布及与中空纤维膜表面的接触，膜组件的有效蒸馏面积提高了 4 倍。

（2）减弱传质阻力

热料液中微量氧气的存在会滞留在 MD 用分离膜微孔处，导致 MD 蒸汽分子传递阻力的增大。因此，通过在热料液侧进行除氧减少膜微孔中的滞留气体可以减小 MD 传质阻力并相应提高膜水通量。Winter[196] 等使用商业化的膜接触器对热料液侧盐水进行除氧，研究其对卷式膜 DCMD 渗透水通量的影响。对比未经除氧的 DCMD 工艺，总的热效率提高了 50%~68%，水通量由 10.5kg/（m^2 · h）增大到 14.1kg/（m^2 · h）。

5.1.3 渗透侧优化

除了通过设计优化分离膜组件以在料液侧增强或改变流动形式，进而减弱浓差极化、温差极化，提高传热传质效率外，也可以通过改变渗透侧膜组件形式以增强膜蒸馏性能。DCMD 分离膜两侧同时接触热料液和渗透液，其膜组件渗透侧的优化可以参照热料液侧的方法进行，例如采用类似的隔网、导流板等增强传热传质过程，提高 MD 水通量。VMD 工艺因其渗透侧为真空环境且多采用错流方式，所以近年来对 VMD 渗透侧的优化方面研究较少。需要指出的是，有学者将类似真空增强—AGMD（V—AGMD）应用到 DCMD 中，即在 DCMD 渗透侧采用真空驱动增强冷凝液流动和传质过程进行。这种真空增强—DCMD（V—DCMD）被认为是改善DCMD 水通量最有效的一种工艺。

相较于其他三种 MD 工艺，AGMD 因其渗透侧的空气间隙增加了 MD 过程的传质阻力，其渗透侧水通量一般较小，所以有大量研究工作侧重于 AGMD 渗透侧的优化，以进一步提高其渗透水通量。这些优化工艺多种多样，主要涉及冷凝板/环的设计，冷凝液流动状态优化以及空气间隙传质增强这三个方面。目前，对 AGMD 渗透侧冷凝板/环设计主要包括选择快速冷凝材质（如铜或不锈钢等），将其板材或环材引入 AGMD 用平板膜组件或者中空纤维膜组件中，以及在渗透侧引入特有的热交换装置等这两种方式，以达到快速冷凝进入渗透侧间隙中的水蒸气、加速 MD 传质过程进行的目的。在冷凝板侧引入导流板改变传统冷凝液的流动状态，增强冷凝效果也可以改善 AGMD 渗透侧传质过程。空气间隙传质增强主要是通过冷液填充或者抽真空的方式，将空气间隙中的非冷凝气体及时排出，大大减小 AGMD 空气间隙的传质阻力，提高膜水通量。前者采用水填充 AGMD 空气间隙的工艺即渗透间隙膜蒸馏（PGMD），而后者利用抽真空的工艺即真空增强—AGMD（V—AGMD）。

（1）AGMD 渗透侧冷凝板/环的设计

包括 AGMD 渗透侧快速冷凝材质选择和 AGMD 渗透侧引入热交换装置这两个方面。

①AGMD 渗透侧快速冷凝材质选择。有学者在每根 PVDF 中空纤维膜外部覆盖毛细管铜管以加速渗透侧冷凝效果，进而增强膜蒸馏驱动力，这不失为一种复杂但十分有效地提高 AGMD 渗透通量的手段。研究人员将该新型中空纤维膜组件命名为双管式 AGMD 组件（DP—AGMD—M），其中空气间隙可以通过铜管直径进行调节和控制。在操作实验条件下（空气间隙 0.45mm，料液温度 90℃，料液流速 4L/h），AGMD 脱盐水通量高达 29.6kg/($m^2 \cdot h$)。另有学者在常规中心管式 PP 中空纤维膜膜组件壳内壁引入不锈钢环形间隙，间隙中和膜组件中心管中均填充有冷却液，该

新型膜组件用于 AGMD 脱盐中[197]。这种附加的锈钢环形间隙可以有效提高中空纤维膜冷侧冷凝效果。事实证明，膜水通量提高至 12.5kg/（m² · h），传热效率增大至 81.7%，中空纤维膜面积与冷凝侧表面积的最优比为 0.55。除了选择快速冷凝材质外，有学者将这些快速冷凝材质表面结构进行纳米化从而得到超疏水快速冷凝的表面。Warsinger[198] 等通过浸涂工艺将硅烷化氧化铜涂覆在铝材质的冷凝板表面。硅烷化氧化铜涂层具有纳米刀片结构（平均高度 1μm），如图 5-8（a）和图 5-8（b）所示，其冷凝传热系数较普通铜表面高 30%。研究人员观察了冷凝后的纳米氧化铜冷凝板表面如图 5-8（c）所示，发现冷凝水珠很好地保留在布满刀片状的冷凝板表面，即冷凝板表面被润湿。而这种表面一旦形成将始终保持着布满水滴的状态，这将不利于冷凝水由膜组件空气间隙中快速导出。因此，需要定期对这种润湿的冷凝板表面进行干燥以保证冷凝效果。

(a) 超疏水纳米氧化铜冷凝板表面　　　　(b) 横截面SEM照片　　　　(c) 冷凝效果照片

图 5-8　超疏水纳米氧化铜冷凝板

②AGMD 渗透侧引入热交换装置。中空纤维膜内腔作为流体通道可以通过热液，同样也可以通过冷液。因此，中空纤维膜可以作为冷凝装置将渗透侧水蒸气冷凝下来。Singh[199] 首先对 AGMD 用中空纤维膜组件进行改进，在同一个膜组件中采用两组平行的中空纤维膜（PP 或 PVDF），一组作为热侧料液通道，一组作为冷侧料液通道进行热量回收。实验研究了操作条件对 AGMD 性能的影响，对 1%（质量分数）的 NaCl 水溶液，水通量高达 25kg/（m² · h）。Zhang[200] 对 Singh 实验中所用两组平行排列的中空纤维膜结构进行优化选择，分别采用多孔和致密 PP 中空纤维膜作为热侧料液和冷侧料液用通道，采用新型中空纤维膜组件浓缩甘油水溶液。10g/L 甘油水溶液经 AGMD 后可以浓缩至 400g/L，膜对甘油截留率始终高于99.9%，水通量达到 5.7kg/（m² · h）。Geng[201] 等在此基础上，对中空纤维膜排列方式进行优化，采用直径较大的热致相分离 PP 中空纤维膜内腔通过热侧料液，两排 PP 中空纤维膜中间设置两层多孔隔网将其分隔开，两层隔网中间填充两排直径

较小的热交换用 PP 中空纤维膜。热交换用 PP 中空纤维膜内腔中有流动的冷侧料液，多孔隔网提供空气间隙，水蒸气经 PP 中空纤维膜微孔渗透到多孔隔网间隙中，经热交换用 PP 中空纤维膜外表面冷凝下来。冷侧料液和热侧料液均为 NaCl 水溶液。实验研究了操作条件及盐水浓度对膜蒸馏脱盐性能的影响，在最优操作条件下，即热侧料液温度 90℃ 及流速 20L/h、NaCl 水溶液浓度 30g/L、膜渗透水通量达到 5.3kg/(m² · h)。除了 PP 热交换中空纤维外，PTFE 热交换中空纤维也成功被用于 PTFE 中空纤维膜 AGMD 工艺中，以提高冷凝侧热传质效率和水通量。此外，有学者将等规聚丙烯（iPP）热交换中空纤维作为冷凝液通道并经特殊的卷制工艺引入卷式膜组件渗透侧中（图 5-9）[202]。渗透侧的中空纤维不仅起到热交换作用，而且其固有的纤维直径（外径 0.63mm）也起到平板膜及卷式膜中隔网的空气间隙作用。每个卷式膜组件包含 240 根中空纤维膜和 480 根热交换中空纤维，新型卷式膜组件 AGMD 空气间隙热传导率明显提高。

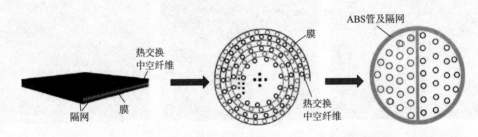

图 5-9　配有热交换中空纤维的卷式膜组件结构示意图

（2）AGMD 渗透侧冷凝液流动状态优化

与热料液类似，由于 AGMD 渗透侧冷凝板直接与冷凝液接触，通过在冷凝液中引入导流板以改变其流动状态，进一步增强冷凝板靠近空气间隙侧表面的冷凝效果、增强 AGMD 传质效率。Cipollina[203] 等在 AGMD 冷凝板一侧设计具有迂回沟槽结构的导流板（图 5-10），以改变传统冷凝液的流动状态，使冷凝板（PP 薄膜）表面的冷凝效果增强。研究中同时在热料液侧也引入相同迂回沟槽结构的导流板，以减小热料液侧 PTFE 平板膜表面的边界层阻力。以 70℃ 的当地（意大利巴勒莫）市政供水作为原液（电导率 400μS/cm），冷凝液温度为 15℃，平板膜渗透水通量可以达到 27kg/(m² · h)，但由于市政水的成分复杂导致在运行 400h 后膜水通量呈现明显下降。

（3）AGMD 空气间隙传质增强

非冷凝气体被认为是 AGMD 空气间隙中最主要的传质阻力，为了减小这个传质阻力，可以在传统 AGMD 渗透侧空气间隙中引入水，将透过分离膜的水蒸气迅速冷

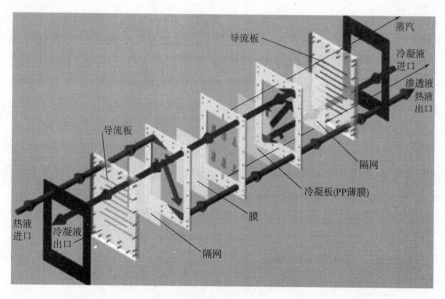

图 5-10　冷凝板侧配有导流板的 AGMD 膜组件装配示意图

凝并从膜组件中导出去或者利用真空泵将空气间隙中的非冷凝气体及时排出，从而有效减小空气间隙的传质阻力，提高 AGMD 水通量。前者采用水填充 AGMD 空气间隙的工艺，即渗透间隙膜蒸馏（PGMD），而后者利用真空方式减小 AGMD 空气间隙中非冷凝气分压的膜蒸馏工艺即真空增强—AGMD（V—AGMD）。PGMD 工艺类似于 DCMD，但与之不同，PGMD 过程中的热量损失较少且可以直接利用原料液作为冷凝液使用，无需像 DCMD 工艺中的额外的热交换装置来处理原液和渗透液。Cheng[202] 等研究了卷式膜组件 PGMD 工艺，发现水通量和造水比（GOR）较常规 AGMD 工艺分别提高了 59.82% 和 7.9%，同时脱盐率也高达 99.8%。Gao[204] 等在双管式 AGMD 组件基础上将充满冷却液的环隙引入每根中空纤维膜外部，以此加强每一根中空纤维膜的蒸馏冷凝效果，研究人员将该膜组件称为中空纤维渗透 PGMD 组件。为了减少膜组件成本，冷却液环隙采用高密度聚乙烯（HDPE）制成，其冷凝效果不及之前学者使用的铜管，但有冷却液填充也证实可以有效增强膜蒸馏传质效率和水通量。

　　为了增强渗透侧传质效率，可以适当减小空气间隙厚度，但过低的空气间隙厚度（<1.5mm）会导致膜表面与冷凝板表面出现所谓的"水桥效应"，"水桥"的形成导致热量更多以热传导的形式损失掉，传热效率降到 70% 以下。因此，为了减小温差极化和浓差极化以及"水桥效应"对 AGMD 过程带来的负面影响，可以通过真空泵将空气间隙中的非冷凝气体及时排出。Abu-Zeid[205] 等通过正交试验设计优化了

操作条件，包括热料液进口温度（50℃）、流速（4L/min）、冷凝水温度（20℃）以及热料液中盐浓度（253mg/L）对 PTFE 中空纤维膜 V—AGMD 工艺脱盐性能的影响。结果证实，空气间隙抽真空可以提高膜 24.96% 的水通量以及 14.29% 的造水比（GOR）。Liu[206] 和 Andrés-Mañas[207] 等在此基础上分别对 V—AGMD 空气间隙真空度以及不同膜面积 V—AGMD 脱盐性能进行了研究。结果发现，真空度过高导致空气间隙中的水蒸气不能及时在冷凝板表面得到冷凝，存在一个最优真空压力（OVP）以确保 V—AGMD 过程是受控制于 AGMD 而不是 VMD，OVP 根据操作条件不同而有所变化。由于不同膜面积卷式膜组件（7.2m² 和 25.9m²）的长度（1.5m和 2.7m）不同而导致在长度低的膜组件其渗透通量可以达到 8.7kg/(m²·h)，而长度大的膜组件其能效也最大。

5.2　膜污染

　　膜分离技术在高效分离、提纯物质的同时，伴随着膜污染，这也是膜分离过程面临的主要问题之一。膜蒸馏过程中膜表面与热侧料液直接接触，在长期操作中，料液中的污染物包括无机和有机物容易堵塞膜孔并在膜表面沉积，形成膜表面的无机物结垢（membrane scaling），如 $CaCO_3$、$CaSO_4$、SiO_2、硅酸盐及有机物膜污染。若此时膜孔的孔径较大，不在膜蒸馏要求合适区间且膜的热稳定性和化学稳定性在长期使用中下降，这些都会加剧膜孔污染或润湿，进而导致膜蒸馏通量及截留率下降，产水水质变差。另外，当膜表面污染物聚集到一定程度后，会产生较大的压降，甚至有可能膜局部某处压力超过液体渗透压（LEP）而造成原料液的渗漏，使产水水质严重变差。对于目前主要应用在脱盐领域的膜蒸馏技术而言，面临的主要污染即为无机盐结垢污染。多数微生物在高盐度体系以及膜蒸馏的处理温度下较难生存和繁殖，因此，微生物污染对膜蒸馏过程造成的影响较小。由于与其他膜分离过程用到的亲水性分离膜不同，膜蒸馏用膜的疏水特性导致其在某些特定体系，如含油、表面活性剂、染料等有机体系以及普遍存在有机物腐殖酸的地表水等中易出现严重的膜污染。

5.2.1　膜污染减缓

　　影响膜污染因素主要有膜材料及膜结构、原液性质以及料液的流动状态。超疏水的膜材料、适宜的孔径及优异的化学、机械稳定性对减轻膜污染都是有利的，另外赋予膜表面电荷、降低膜表面粗糙度也可以有效增强膜耐污染性。通过研究这些影响因素可以有效减缓 MD 过程中的膜污染现象。

（1）无机物污染减缓

作为目前膜蒸馏应用最广的脱盐领域而言，膜表面的无机盐结垢成为亟待解决的重点问题。除了开发疏水性能更强、孔径更合适且力学性能更稳定的分离膜外，改变料液的性质无疑成为减缓 MD 过程中膜表面无机盐结垢的重要途径。目前，学者们对料液的流动状态及组成对减缓 MD 分离膜表面无机物污染做了相当多的研究工作。

料液的流动状态直接关系到膜表面边界层的厚薄，进而影响膜蒸馏过程中的传热和传质效率。在 DCMD 工艺中，料液及渗透液流速对 PTFE 平板膜（General Electrics，US）表面结垢有明显的影响。热料液流速较低（0.5~0.8m/s）或较高（1.1~2.2m/s）时，膜表面均出现明显的无机盐晶体。热料液流速增大导致膜水通量恢复率提高 30%，当热料液与渗透液流速分别在 0.8m/s 和 1.1m/s 时，PTFE 膜表面结晶速率得到明显减缓。一些辅助手段可以有效增加料液在中空纤维膜表面的扰动，进而打破传统膜表面的边界层。如高频率的超声振荡技术常被用来进行膜污染后清洗以及膜通量恢复。Hou[208] 等将超声振荡技术引入 DCMD 工艺中，对 NaCl 水溶液进行脱盐处理，以减轻 PTFE 中空纤维膜表面的结垢污染。工艺研究并优化了超声操作条件对 MD 脱盐效果的影响。在 NaCl 溶液温度 53℃、浓度 140g/L 及流速 0.25m/s，超声波功率 260W 和频率 20kHz 时，PTFE 膜水通量达到最大，较未采用超声技术时增大 60%，且通量和截留率能够在连续运行 240h 基本保持不变。另外，PTFE 膜的机械强度、孔径分布也基本保持不变。之后研究人员又将超声振荡技术引入 DCMD 工艺中，处理含 SiO_2 水，以减轻 PTFE 中空纤维膜表面的 SiO_2 胶体污染[209]。PTFE 中空纤维膜在整个实验过程中可以很好的保持自身的机械稳定性和孔径分布。超声振荡产生的能量振荡和微局部流可有效扰动纤维膜表面流体状态，打破传统边界层，并减少 SiO_2 胶体在膜表面的附着，从而很好保持膜表面清洁以及膜通量的稳定（较未采用超声技术提高 43%）。

原液中溶解性气体的出现虽然会在一定程度上增大传质阻力，使渗透通量降低，但其可以有效减小膜润湿及膜表面生物膜的堆积。因此，借助气泡增强效应可以有效减轻膜蒸馏过程中中空纤维膜污染。Chen[210] 等采用气—液两相流气泡增强 DCMD 传热效率、减轻膜污染。结果发现，平均直径较小且直径分布窄的气泡更有利于产生均匀气泡流，增强气液混合效果和表面剪切速率。与无气泡增强的 DCMD 工艺相比，在气体流速为 0.2L/min 时，传热系数和温差极化系数分别增大了 2.3 倍和 2.13 倍。在处理高浓盐水时，由于气泡流的剪切力和流体动力的增强，膜表面结垢明显减少，产水量增大 131%。同时，研究人员指出在减轻膜污染、提高膜蒸馏性能的同时，应当考虑气泡流需要的高能耗以及潜在的纤维机械损伤。Wu[211]

等在 VMD 工艺中采用类似的气泡增强方式来改变热料液流动状态，即所谓的空气泡增强—VMD（AVMD），达到加速 VMD 传热和传质过程的进行。实验证实气泡流和活塞流为 AVMD 过程中出现的两种主要流动类型。活塞流 MD 传热效率和传质效率高于气泡流。不同流动类型的传质关系可以通过 Chilton-Colburn 假设获得。在 DC-MD 工艺处理传统中药提取液时，空气泡的引入同样可以减轻膜污染。有学者采用 PTFE 膜对中药提取液（TCM）进行浓缩处理发现，空气气泡可以使料液体系产生两相流且及时有效去除膜表面沉积的污染物[212]。空气流速的增大、气泡持续时间延长可以提高膜清洗效率。图 5-11 所示为空气气泡增强前后 TCM 料液体系流动下 250min 后的 PTFE 膜表面污染的 SEM 照片。在空气气泡的作用下，PTFE 膜表面形成的结垢层很薄且有许多开孔处没有因堆积污染物而被堵塞，如图 5-11（a）所示。相较之下，无气泡清洗的 PTFE 膜表面由尺寸较大的污染物堆积形成一层厚的结垢层且所有微孔均被堵塞，如图 5-11（b）所示。

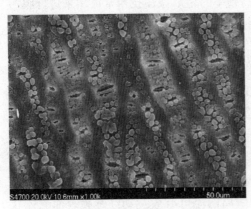 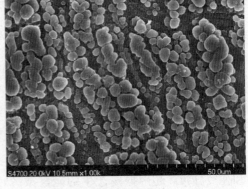

(a) 空气气泡增强后   (b) 空气气泡增强前

图 5-11　空气气泡增强前后 PTFE 膜表面污染的 SEM 照片

当流动类型由气泡流转变为活塞流时，温差极化增强速率和浓差极化减弱速率均变大。不同水源的水，如地表水、湖水、河水、海水以及各种工业废水，水体组成不同对膜造成的污染类型及程度也各不相同。对于污染物含量较高的水质，应采取适当的预处理工艺以减轻后续的膜蒸馏处理负担。为了减轻 PP 中空纤维膜 DC-MD 工艺处理自来水时的表面 $CaCO_3$ 结垢污染，Gryta[213] 等对自来水进行磁化处理，磁化水在 MD 过程中形成大量较大的多孔方解石状结晶，同样浓度下 PP 膜表面 $CaCO_3$ 沉积物厚度要远远低于未经磁化处理的厚度，且这些多孔疏松的方解石结晶可以在水流冲击下很容易的脱离膜表面，因此膜水通量降低趋势明显减缓。

水中无机盐结垢是一个缓慢的晶体生长过程，当结晶过程不可避免时，采取手段干扰其生长速率也是减缓膜污染的一个行之有效的方法。He[214] 等研究了五种水溶性极性阻垢剂（丙烯酸类和有机磷类）对减轻 PP 中空纤维膜 DCMD 过程中膜表面结垢污染的影响。添加阻垢剂后可以使料液达到超饱和状态，$CaCO_3$ 和 $CaSO_4$ 浓度分别高达海水盐浓度的 5 倍和 10 倍。很少量的阻垢剂（0.6mg/L）便可有效延长 $CaCO_3$ 和 $CaSO_4$ 晶体成核期，并且使晶体沉淀速率大大降低，DCMD 水通量没有明显的降低且产水电导率也基本不变。相较于传统相分离膜，纳米纤维膜具有更多孔隙和更加粗糙的表面结构，这些都易造成更为严重的膜污染。Nthunya[215] 等通过静电纺丝工艺制备了不同表面结构的 PVDF 纳米纤维膜，分别为完整纤维状、串珠状以及团块状纳米纤维膜（图 5-12），研究并比较了纳米纤维膜在连续 50h 的苦咸水 DCMD 淡化工艺中的膜污染行为。结果发现，表面相对平整的完整纤维状纳米纤维膜上仅有一些无机盐晶体出现，而表面为串珠状以及团块状纳米纤维膜出现了更严重的饼层污染。在 PVDF 纳米纤维膜涂覆亲水层后可以明显减轻膜表面污染物的沉积。

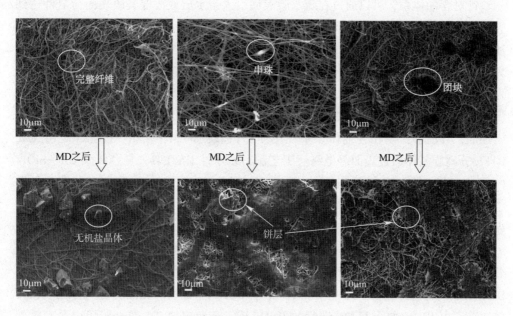

图 5-12　不同表面结构静电纺纳米纤维膜 MD 前后 SEM 照片

（2）有机物污染减缓

由于膜蒸馏可以处理不同水质的水源，而不局限于单纯的盐水。含有丰富有机质的水体则易在膜表面形成生物污染。生物污染严重时，不仅仅使膜蒸馏水通量降低，还有可能大大增加膜液体渗透压，造成产水水质严重恶化。Krivorot[216] 等对 PP 中空纤维膜 DCMD 错流工艺处理地中海海岸海水时膜表面生物膜的形成以及其影响因素（海水温度、流苏及水质）做了详细的研究。研究人员指出膜蒸馏过程生物污染主要是由于分离膜孔润湿及微生物堵塞。为了减轻膜生物污染，研究人员将 PP 中空纤维膜丝放置与进口处以减少进出口温差，且膜蒸馏海水分别在 40℃ 和 70℃ 下循环，而非常规的恒定温度循环。实验结果证实，这些操作条件的优化可以有效减轻 PP 膜表面生物膜的形成和沉积。为了拓宽 MD 在含有机物废水处理中的应用，Goh[217] 等将膜生物反应器（MBR）与 MD 工艺结合，开发出 MD 生物反应器（MDBR）以此减缓 MD 膜表面的润湿趋势以及膜污染现象。结果表明，虽然 PVDF 膜（MILLIPORE® Durapore GVHP）表面形成的生物膜增大了 MD 传热和传质阻力同时降低了分离膜的疏水特性，MD 水通量下降，但定期的膜清洗以及工艺优化可以极大地减轻膜污染。在连续 13 天的运行中，MDBR 水通量可以维持在 $6.8kg/(m^2 \cdot h)$ 以上，较 MD 平均水通量仅低 8%。

（3）油污染减缓

针对含油体系，可以通过在疏水膜表面引入亲水层或改变其膜表面荷电性达到极性或静电排斥的作用，从而有效降低疏水性膜表面与油污的亲和力、减轻分离膜油污染。PVA 作为一种常用的静电纺纺丝聚合物，其优异的亲水性自然可以用来作为抗油污复合膜的表层。Hou[218-219] 课题组在 PTFE 分离膜表面通过静电纺丝工艺，先后复合 PVA 纳米纤维膜以及含纳米 SiO_2 的 PVA 纳米纤维膜，并通过交联 PVA，将复合膜用于 MD 工艺处理 1000mg/L 含原油乳液中。复合膜体现出优异的抗油污染性能，并能够长期在含油体系中使用而保持较高的 MD 性能。接着课题组又在 PTFE 分离膜基体通过表面静电纺丝工艺制得亲水性 CA/PTFE 复合膜及 CA—SiO_2/PTFE 复合膜，并同样成功用于 MD 工艺处理含油体系。Wang[220] 等制备了两种用于膜蒸馏工艺处理油水的 PVDF 中空纤维复合膜，研究人员在 PVDF 中空纤维膜外表面依次涂覆 SiO_2 纳米颗粒和浸涂荷负电亲水性聚多巴胺（PDA），得到荷负电 PVDF 复合膜。其中，SiO_2 纳米颗粒用于增大膜表面粗糙度并增强 PDA 与基体的附着力。另外，在 PVDF 中空纤维膜外表面依次喷涂聚二烯丙基二甲基氯化铵（PDDA）、SiO_2 纳米颗粒和 PDDA，得到荷正电 PVDF 复合膜。在油乳化剂存在下，相较于荷正电 PVDF 复合膜和未改性的 PVDF 膜，荷负电 PVDF 复合膜可以最有效处理含油废水，且膜污染最低。

（4）表面活性剂污染

对于一些含表面活性剂的这类两亲性物质的体系（如油井采出水、印染废水、洗衣废水等），MD 用疏水性分离膜极易受到表面活性剂的吸附污染。表面活性剂是含有疏水尾和亲水头的两亲性化学物质，表面活性剂的疏水基可以很容易地吸附在疏水性分离膜表面，减小表面张力的同时，使得膜液体渗透压力急剧降低，如图5-13（a）所示，加速膜润湿。Wen[221]等研究了核电厂产生的放射性洗衣废水中，表面活性剂种类、浓度、料液温度等对 PP 中空纤维膜 DCMD 过程的影响。0.08mmol/L 的表面活性剂即可在 1h 内使 PP 膜水通量降低 3%~30%。当使用非离子型表面活性剂时，通量下降最大。放射性离子的去污因子（DF）在 4~8h 内下降10~100 倍。研究人员还研究了料液中添加盐离子（$NaNO_3$）对减轻 PP 膜污染的作用。高浓度盐离子可以使料液临界胶束浓度（CMC）降低至料液中表面活性剂浓度以下，胶束的形成使得表面活性剂很难吸附到 PP 膜表面，因此膜水通量下降趋势得到明显缓解，如图 5-13（b）所示。Huang[35]采用同轴静电纺—煅烧工艺制备超疏水—超疏油（两憎性）氟化 SiO_2 基纳米纤维膜。纳米纤维膜表面结构呈现均匀的纳米 SiO_2 球凸起，凸起间形成微细孔隙，这种结构类似图 4-4（d）所示结构，具有良好的自清洁作用，氟化 SiO_2 基纳米纤维膜表现出优异的两憎性（水接触角和油接触角分别达到 154.2° 和 149.0°）和抗表面活性剂润湿特性。

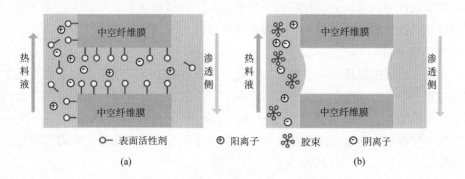

图 5-13　表面活性剂膜污染机理及无机盐减轻膜污染机理

5.2.2　膜污染物去除

（1）预处理

通过适当的预处理工艺去除复杂水体中的污染成分从而达到减缓后续 MD 工艺中分离膜的污染问题。MD 海水脱盐中，在 RO 浓盐水进料口安装 0.45μm 筒式过滤器可以去除盐水中的沉淀盐，如碳酸钙和硫酸钙，MD 水回收率从 45% 提高到60%。预处理大大提高了后续膜清洗的效率，简单的蒸馏水冲洗可以使膜水通量恢复到初始通量的 98%。周期性原水（RO 浓盐水）进料冲洗也可使膜的初始通量在133h 内恢复到 84%[222]。某些地区海水中含有一定量的藻类，可以通过絮凝—气浮

（F—DAF）预处理工艺将海水中的藻类去除，以减轻后续 MD 工艺中的膜污染。Guo[223] 等研究了 F—DAF 预处理工艺对 MD 用静电纺 TiO_2 涂层纳米纤维膜表面污染行为。实验采用高铁酸盐作为絮凝剂，经 DAF 对中国香港白石角地区海水预处理后，可以去除水体中 99.9% 的藻类，经过简单物理冲洗后，MD 工艺中纳米纤维膜疏水性可以恢复 96.2%。腐殖质和低分子量的有机物（LMW）是海水中存在的主要有机物，其中腐殖质在 MD 系统中加热会分解为 LMW—腐殖质有机物，这种现象在盐（NaCl）存在下更为明显。采用颗粒活性炭（GAC）过滤和浸没式膜吸附生物反应器（SMABR）等预处理方法可以通过吸附和生物降解减少海水中这些物质对 MD 分离膜的污染。Wang[224] 等在采用 PVDF 中空纤维膜 MD 工艺处理电厂循环冷却水时，引入聚合氯化铝（PACI）混凝预处理工艺，并研究了混凝液 pH、浓度对 MD 水通量及产水水质包括总有机碳、总磷的影响。结果证实，PACI 预处理可以有效减缓 PVDF 膜蒸馏工艺中表面的结垢以及有机物污染。另外，采用合适的软化剂，如 $NaOH/Na_2CO_3$ 可以有效去除海水水体中的 Ca^{2+} 和 Mg^{2+}，草酸可以有效去除 Ca^{2+}，从而有效减缓 MD 中分离膜表面的无机盐结构污染。由于 Mg^{2+} 对钙盐结垢的抑制作用，可以采用在海水中添加 $MgCl_2$ 的预处理方式增加 Mg^{2+}/Ca^{2+} 比例，达到抑制钙盐结垢及减缓膜表面润湿趋势的目的。

（2）膜清洗

相较于其他膜组件形式，膜蒸馏过程中污染后的中空纤维膜可以采用类似于微超滤过程中中空纤维膜空气反冲洗的方式，去除附着在纤维膜一侧表面的生物膜和无机盐晶体结垢，从而恢复膜水通量膜。Choi[225] 等在浸没式 DCMD（S—DCMD）工艺处理反渗透浓盐水（SWRO）中采用空气反冲洗膜表面结垢，取得了很好的通量恢复率，可以将 SWRO 浓缩 2.8 倍。

（3）膜催化降解

将有催化活性的基团或物质引入 MD 用分离膜中，可以有效去除膜表面堆积的有机污染物。Huang[41] 等采用静电纺—煅烧工艺，以 PVA 为载体，醋酸锌为前驱体，制备具有染料光催化降解效应的 PTFE/ZnO 纳米纤维膜，应用在印染废水的处理中。WCA 测试结果表明，PTFE 纳米纤维膜表面 ZnO 的引入使 WCA 由最初的 157° 降至 138°，疏水性呈一定程度的下降。但 VMD 结果表明，膜对 3.5%（质量分数）的 NaCl 水溶液盐截留率仍高达 99.7%，处理染料罗丹明 B（RhB）水溶液 10h 后，染料浓度由初始的 20mg/L 浓缩至含量 45%。污染后的 PTFE/ZnO 纳米纤维膜经 3h 紫外光辐照后，膜通量恢复率达到 94%。

5.3 本章结论

　　膜蒸馏技术的发展除了与其所使用的分离膜性能直接相关外，膜蒸馏过程也是极其重要的一部分内容。本章重点总结了近年来膜蒸馏过程，包括膜组件优化及膜污染的研究。其中，膜组件优化涉及膜长度、膜组件装填密度、膜排列方式优化、热料液侧优化、渗透侧优化等。膜污染主要从膜污染的减缓及膜污染物的去除两方面对膜蒸馏中膜污染现象进行综述。近年来出现的大量关于膜蒸馏过程的研究工作取得了可观成绩，但仍存在一些需要重点克服和突破的问题以及研究方向。

　　（1）近年来膜蒸馏过程研究多集中在直接接触式、真空式及空气间隙式，而吹扫式膜蒸馏过程的研究，如其操作条件优化、膜污染分析、能耗及经济分析等较少。

　　（2）膜蒸馏用膜组件优化中，渗透侧优化主要是侧重于空气间隙式膜蒸馏膜组件，而其他类型膜蒸馏过程用膜组件渗透侧的优化研究甚少。

　　（3）对于膜类型而言，膜蒸馏过程研究主要针对中空纤维膜及平板膜进行，也涉及卷式膜和毛细管式膜，而静电纺纳米纤维膜膜蒸馏过程的研究较少，可以参考平板膜膜蒸馏过程的相关研究方法和内容。

　　（4）虽然膜污染过程，包括无机物、有机微生物等的研究取得了一定进展，但是污染过程相关的污染机理仍需进一步完善。

　　（5）大多数膜蒸馏过程的研究都是基于实验室模拟规模，涉及工业应用的大规模 MD 过程或者是实际应用中 MD 过程的研究仍然很少，这将是今后需要突破的方向之一。

　　（6）膜蒸馏用新型膜组件的开发对膜蒸馏过程传质传热的加强至关重要，现有构型膜组件需要进一步设计和优化，以真正达到蒸馏过程加强以及经济成本降低的目的。

第6章　膜蒸馏组合工艺研究

作为一种新型分离技术，膜蒸馏结合蒸馏和膜分离过程，以膜两侧水蒸气压差作为推动力，疏水性多孔分离膜为分离单元，实现混合液分离纯化。相较于常规化工蒸馏及膜分离技术，膜蒸馏技术具有不可比拟的优势，如操作压力低至常压，分离过程不受热力学平衡的限制，理论截留率达100%，可处理高浓度原料液。因此，随着膜蒸馏技术的发展，其新型组合工艺也应运而生。膜蒸馏技术除了利用传统工业废热外，也可以利用新型热源，如太阳能及地热能进行驱动，膜蒸馏可以与传统分离技术，如结晶、催化、渗透、吸附、萃取以及精馏等相结合，也可以与一些新型分离技术，如正渗透、膜生物反应器以及加速沉淀软化等组合。本章主要对近年来出现的相关膜蒸馏组合工艺进行综述和总结。

6.1　膜蒸馏—新型热源

作为一种热驱动的膜分离技术，膜蒸馏热源较传统化工蒸馏或蒸发工艺的温度更低。因此，其可以利用一些低品级的热源，如工业废热。而在一些偏远地区，高的太阳能辐射和宝贵的地热资源给予 MD 技术更加清洁和可持续的热源供给，这也大大降低了相应 MD 工艺的成本。正是因为这些技术优势，学者们对太阳能驱动MD（SMD）和地热驱动 MD（GMD）技术进行了研究并取得了一定进展。

6.1.1　太阳能驱动膜蒸馏（SMD）

作为一种清洁可再生能源，太阳能经集热装置可以将原水加热至 MD 工艺所需温度后经各种 MD 处理得到纯化。目前，有大量太阳能驱动膜蒸馏（SMD）方面的研究，这些研究主要涉及太阳能集热装置设计、膜材料和组件选择及 SMD 工艺经济分析等。其中研究重点在太阳能集热装置的设计。太阳能集热装置可以是独立的太阳能集热储水罐直接或与电加热配合使用，将 MD 用原水加热或者是经热交换器间接将原水加热，或是与电加热配合使用，也可以是与分离膜组件一体的太阳能集热板。图6-1（a）所示为独立的太阳能集热器通过换热器将 MD 用原液加热后，进入 MD 膜组件中进行分离和纯化。图6-1（b）所示为用于 MD 工艺的与分离膜组件一体的太阳能集热器。此太阳能驱动膜蒸馏工艺可以连续运行150天对韩国 Suncheon 地区海水脱盐，白天时间超过 77.3% 的热能可用于 MD 工艺，9 月这一数值更是高达 98.3%[226]。

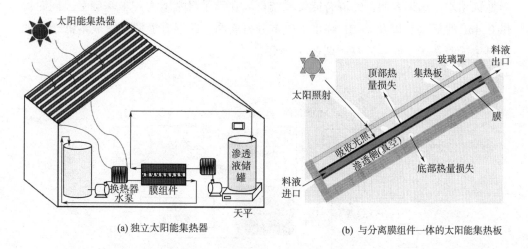

(a) 独立太阳能集热器　　　　　　　　(b) 与分离膜组件一体的太阳能集热板

图 6-1　太阳能驱动膜蒸馏过程示意图

6.1.2　地热驱动膜蒸馏（GMD）

相较于其他热源驱动的 MD 包括 SMD，地热驱动 MD（GMD）无需额外的能源转换装置，可以进一步降低 MD 工艺成本。由于地热水是由地球内部能源加热而得到的地表水，这种拥有较低的焓水能的热量不适宜传统脱盐工艺，但应用在 MD 领域具有很大潜力。但由于地热能源的地域局限性，目前对 GMD 的研究较少。Sarbatly[227] 等采集位于马来西亚 Ranau 地热水库的水源（60℃），用自制 PVDF 平板膜错流 VMD 工艺进行脱盐实验。地热水作为热料液可以节约整个地热驱动 VMD（GVMD）95% 的总能耗，即 87~89kW·kg/h。渗透水中总溶解固体（TDS）含量在 102~119mg/L 之间，可以满足饮用水质量要求。分别对有无地热的 VMD 工艺进行经济分析，结果表明产水量 20000m³/天的 GVMD 工艺成本为 0.5 美元/m³，远低于无地热的 VMD 工艺成本（1.22 美元/m³），可以节约至少 59% 的成本，且水通量高于 6.6kg/(m²·h)。

6.1.3　混合可再生能源驱动膜蒸馏

将太阳能、生物质能等混合使用发电并同时作为 MD 过程的热源，可以更大程度地解决农村用电和用水的问题，图 6-2 所示为利用混合可再生能源（主要是动物及农作物废弃物）膜蒸馏一体化混合多联产系统。Khan[228] 等以孟加拉国 Faridpur

地区农村为例，利用光伏、畜禽和农业垃圾饲料消化池为联产机组供电，消化池又与燃气发动机相连，多余的沼气被用于烹饪和照明，而余热则驱动膜蒸馏装置提供当地饮用水。结果表明，此混合能源系统可以在满足日常电力需求基础上，同时提供 $0.4m^3$ 烹饪燃料以及 $2\sim3L$ 纯水。成本分析表明，此混合能源系统成本低于其他可再生能源系统且成本回收周期在 $3\sim4$ 年。

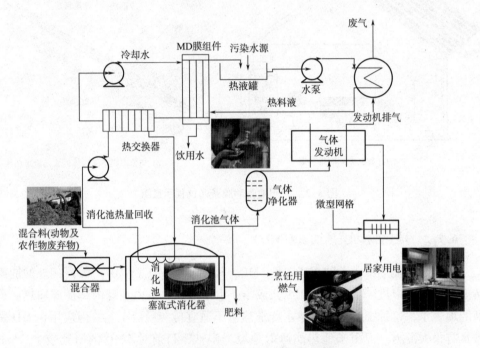

图6-2　膜蒸馏一体化混合多联产系统

6.1.4　其他新型热源驱动膜蒸馏

现代邮轮旅游业正在全球范围内扩张。一艘邮轮平均每天需要超过 $1000m^3$ 的淡水。到目前为止，多级闪蒸（MSF）和海水反渗透（SWRO）是船上使用最多的海水淡化技术。然而，这些技术有明显的缺点：耗能高、占地面积大、成本高。膜蒸馏技术可以充分利用邮轮发动机冷却系统产生的余热，无需高压操作，成为邮轮旅游业中一种非常有潜力的可持续的海水淡化技术。图6-3所示为以游轮发动机余热为热源的膜蒸馏海水淡化系统。邮轮发动机冷却系统的余热可以充分加热海水，进入 MD 系统后产生淡水以满足邮轮日常所需。有学者采用游轮发动机余热作为热源对西班牙 Cadiz 海湾海水加热，对不同类型膜蒸馏技术（DCMD、AGMD 和

PGMD）和两种孔径 PTFE 疏水膜（0.45μm 和 0.20μm）的脱盐性能进行了测试和比较，以研究利用发动机冷却系统产生的余热的 MD 工艺在游轮上的潜在应用[229]。结果表明，使用 0.45μm 孔径的膜的 PGMD 工艺更具有优势，渗透通量平均达到 13kg/（m²·h），脱盐率保持在 99.99%，与 SWRO 性能类似。

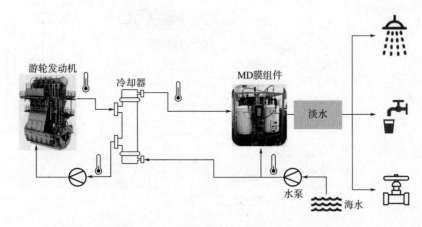

图 6-3　游轮发动机余热为热源的膜蒸馏海水淡化系统示意图

6.2　膜蒸馏—传统分离技术组合工艺

6.2.1　膜蒸馏—结晶（MD—C）

浓水处理是反渗透（RO）技术面临解决的重要问题，高的产水率意味着 RO 膜高浓度的盐水产生。目前，RO 技术海水淡化产水率在 30%~50%，一半以上的浓盐水将要排放到自然环境中，这些高盐卤水中含有盐、残余氯以及重金属，直接排放会对海洋动植物、地表土壤、地表水造成污染，其凝结物还会引起底栖生物死亡等严重后果。在此背景下，结合了膜蒸馏技术高脱盐率和无机盐结晶技术的新型工艺—膜蒸馏—结晶（MD—C）组合工艺，可以在分离提取无机盐的同时，使 RO 浓水得到无害化处理。MD—C 利用膜优异的性能及膜蒸馏（MD）过程，不受渗透压限制，可以使原料水溶液浓缩至过饱和。在 MD—C 中，由分离膜提供的高接触面积可以实现高的蒸汽通量。另外，传统的 NaCl 结晶蒸发设备，即强制循环，结晶器需要在高温（高于 70℃）下进行，能耗达到 30kW·h/m³，是 MD—C 工艺的两倍。图 6-4 所示为典型直接接触式膜蒸馏—结晶（DCMD—C）工艺流程示意图。

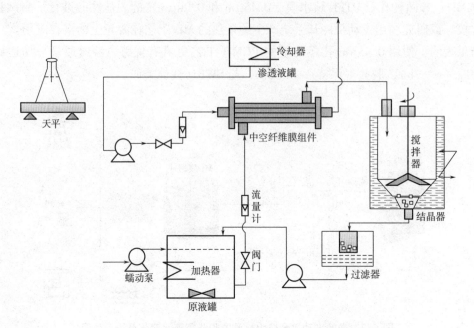

图 6-4　典型膜蒸馏—结晶（MD—C）工艺流程示意图

近年来，学者们对 MD—C 工艺中操作、成本分析影响做了系列研究。Chen[230]等通过正交试验设计研究了 DCMD—C 操作条件，包括原料液和渗透侧液体流速及温度对 MD 脱盐性能的影响。相较于温度，流速是控制性因素。这些因素都直接影响了 MD 水通量和 NaCl 结晶量。最优操作条件为原料液和渗透侧液体流速分别为 0.64L/min 和 0.35L/min，各自温度分别为 65℃ 和 30℃。Creusen[231]等通过 MD—MD—C 组合工艺模拟实现反渗透浓水的零排放。其中，成本分析结果表明在实现海水中水和盐的完全分离的情况下，组合工艺总的处理成本在 1.09 欧元/m^3。为了解决传统 MD—C 工艺中常使用的聚合物膜化学和机械稳定性差的问题，Ko[232]等在真空膜蒸馏—结晶（VMD—C）工艺中采用中空纤维陶瓷膜分离 NaCl 和 LiCl 晶体。

MD—C 工艺要解决过高的 MD 水通量导致的浓差极化和膜表面结垢等问题，从而确保盐晶体持续均匀形成。Ji[233]等通过减小 MD—C 工艺中 PP 中空纤维膜水通量 [低至 $4×10^{-4}$kg/（m^2·h）] 来减小浓差极化现象，从而详细研究 NaCl 晶体生成动力学，包括晶体尺寸、形状及分布等。NaCl 晶体呈现典型的立方体形状，尺寸在 20~200μm，产水率高达 90%，晶体增长速率为 $2.8×10^{-8}$m/s。另外，研究人员模拟海水淡化中有机物质对 MD—C 工艺中 NaCl 晶体的成核和生长速率，以及 PP 膜水通量及产水水质的影响。有机物的存在使 MD—C 晶体产率及膜水通量分别下降 20% 和 8%，晶体增长速率下降 15%~23%。料液温度对 MD—C 结晶过程有重要的影响，Edwie[234] 等研究了 NaCl 水溶液温度对 NaCl 结晶动力学和 PVDF 中空纤维膜水通量的影响。结果发现，盐溶液温度逐渐升高，膜水通量增大，但之后膜表面结垢及润湿促使通量迅速下降。为了阻止料液中盐过饱和，研究人员通过雷诺数和结晶温度计算出临界水通量。临界水通量之下，膜蒸馏性能可以稳定持续 5000min。相较于常规柱状中空纤维膜，浸没式中空纤维膜组件在处理高浓度原料液时，无需泵输送料液，可以充分发挥中空纤维细而长的优势，借助料液持续搅拌，从而有效减轻柱式中空纤维膜组件的浓差极化和温差极化现象，并有效减轻膜结垢污染。Julian[235] 等在 MD—C 工艺中采用浸没式 PP 中空纤维膜组件，研究了操作条件对 MD—C 行为的影响。结果证实，浸没式膜组件在借助曝气下也受到不可避免的 $CaCO_3$ 结垢污染。通过热水软化可以增加盐晶体成核数量并延长 MD—C 操作时间。Lu[236] 等采用浸没式 PP 中空纤维膜 MD—C 工艺处理油提纯产生的含盐有机废水，同时回收废水中的乙二醇（EG）和 NaCl 晶体，并实现废水无害化回收。结果表明，MD—C 工艺可以有效提取 EG 和 NaCl 晶体，EG 回收率和产水率分别达到 98.7% 和 99%。

为了进一步提高晶体分离效率、降低工艺成本，多级串联 MD—C 以及浸没式 MD—C（SMD—C）工艺被开发出来。Guo[237] 等通过 Aspen Plus 软件模拟多级 AGMD—C 脱盐工艺实现低成本零液体排放（ZLD）。单因素分析研究单级和多级 AGMD—C 工艺中 13 个操作条件和膜组件尺寸因素对膜渗透通量、水回收率、GOR 等的影响。相较于传统分离膜组件，MD 中采用浸没式膜组件可以降低能耗、提高传热效率。目前，浸没式膜蒸馏多见于中空纤维膜式膜蒸馏工艺。中空纤维膜组件已成功应用浸没式—DCMD（S—DCMD）和浸没式—VMD（S—VMD）过程中。浸没膜蒸馏工艺中较大尺寸的原液罐中存在明显的温度梯度（TG）和浓度梯度（CG），即其顶部较高的热料液温度和较低的盐浓度适宜 MD 过程的进行，而原液罐底部相对较低的热料液温度和较高的盐浓度则有利于盐晶体的生长。Choi[238] 等证实相较于传统 DCMD—C 脱盐工艺，S—DCMD—C 工艺的水回收率更高，体积浓度因子（VCF）可以达到 3.5，而传统 DCMD—C 则为 2.9。原液罐中 TG 和 CG 的存在有利于其底部形成晶体尺寸分布窄的 Na_2SO_4 晶体，如图 6-5（a）所示。在 S—VMD—C 工艺中，有学者研究发现，该工艺可以获得与错流 VMD 工艺相当的水通量，而热料液无搅拌将会导致分离膜快速润湿[239]。横向振动可以控制 S—VMD—C 工艺分离膜表面上 NaCl 晶体的沉积，如图 6-5（b）所示，渗透通量增加，但结垢没有明显减少。通过周期性的空气反洗和曝气可以减轻结垢，当使用含有少量可溶盐的混合进料溶液时，气泡的产生可能导致膜上产生更多的晶体沉积。

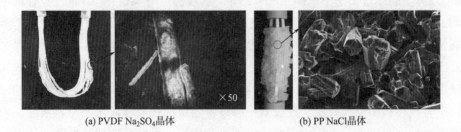

(a) PVDF Na$_2$SO$_4$晶体　　　　　(b) PP NaCl晶体

图 6-5　PVDF 和 PP 浸没式中空纤维膜表面晶体析出照片

6.2.2　催化膜蒸馏

　　鉴于有机物存在的普遍性及其对分离膜更易造成污染，水中有机物去除一致是膜分离领域的研究热点之一。将有机物降解为低分子化合物甚至是无机盐可以有效减轻其对分离膜造成的污染。因此膜蒸馏技术处理含有机物体系时，可以采用各种方式对有机物进行催化降解，再进行膜蒸馏分离以达到纯化的目的。由于中空纤维特殊的自支撑结构，其封闭的空腔可以直接作为膜蒸馏渗透侧浸没到料液中成为膜反应器。目前，光催化、臭氧氧化剂及微波辅助光催化等技术已经成功应用于中空纤维膜蒸馏工艺。将具有光催化效应的物质，如 TiO$_2$ 引入含有机物料液中进行光催化降解，进而借助 MD 将之高效去除。Mozia[240] 等采用紫外光（UV）催化膜蒸馏工艺，借助 UV 辐照锐钛矿型 TiO$_2$ 催化降解纺织印染废水偶氮类染料包括酸性红18、酸性黄 36 和直接绿 99，后经 PP 中空纤维膜 DCMD 去除。料液温度对光催化效率有重要影响，温度由 40℃增大至 60℃，光催化降解效率随之提高，MD 产水电导率基本维持在纯水水平（3μS/cm）。此外，也有学者利用 MD 将含有微生物的污染物浓缩后结合光催化反应将浓缩物中的微生物降解去除。Ruiz-Aguirre[241] 等采用 PTFE 平板膜 PGMD 工艺浓缩西班牙阿尔梅里亚地区城市污水，后结合 Fenton 光催化降解去除浓缩水中的微生物。实验主要考察了水体中的 *Clostridium* 浓度的变化情况。结果表明，PGMD 工艺可以将污水中的 100% 的 *Clostridium* 进行浓缩，PGMD 结合 Fenton 光催化降解组合工艺去除微生物的时间较单独使用 Fenton 光催化降解的时间要短。

　　微波无极放电灯（MEDLs）由微波提供能量，微波照射可以对料液均匀加热，及时补充膜蒸馏过程中因蒸汽蒸发及温差极化而导致的热量损失。相较于 UV 辐射，MEDLs 可以直接浸没到料液中，微波引发的催化反应更高效。Qu[242] 等采用微

波辐照借助 TiO_2 催化降解染料活性黑 5，经浸没式 PVDF 中空纤维膜反应器 VMD
工艺去除。实验研究了催化粒子添加量及料液温度对光催化效率和 MD 渗透通量的
影响。当料液中 TiO_2 浓度为 2.0g/L、染液温度为 65℃时，染料降解速率达到最高，
染料降解的副产物有各种脂肪酸和无机盐离子。MD 渗透通量较常规 MD 工艺有明
显提高。催化反应进行 300min，染液色度和总有机碳（TOC）去除率分别高达
100%和 80.1%。腐殖酸作为土壤腐殖质的主要组成成分，也是水资源中普遍存在
的天然有机物质。腐殖酸易吸附在多孔分离膜表面且与无机盐离子形成稳定的化合
物而堆积在膜表面，造成严重的膜污染，因此，在采用膜分离法处理天然来源的水
资源时应当充分考虑腐殖酸对膜过程的影响。Wang[243] 等采用微波照射 PP 中空纤
维膜 VMD 工艺处理含 Ca^{2+} 的腐殖酸水溶液，催化粒子选用 TiO_2。由于 Ca^{2+} 易与腐
殖酸形成稳定的化合物而吸附在 PP 膜表面，使得 MD 水通量严重下降。而在微波
照射 TiO_2 降解下，这种化合物发生降解，PP 中空纤维膜蒸馏过程可以连续稳定运
行 45h，水通量仍保持初始值的 94.5%。最后研究人员将微波催化膜蒸馏工艺成功
应用在煤气化废水处理中，连续运行 120h，该组合工艺对废水中有机物和氨氮去除
率分别高达 96%和 98%。

　　臭氧氧化技术已广泛应用于水和废水处理中，臭氧可以直接氧化有机化合物或
间接氧化产生羟基自由基或金属配合物。而间接氧化具有更高的反应速率常数，因
此在降解有机物时也更高效。Zhang[244] 等采用臭氧氧化技术结合金属离子均相催化
降解难降解有机物苯二甲酸氢钾（KHP），后经 PVDF 中空纤维膜 DCMD 工艺回收
并得到纯水（图 6-6）。实验研究了 9 种金属离子催化剂及其不同浓度对 KHP 降解
效率的影响。结果表明 98.6%的总有机碳（TOC）被去除，几乎 100%的金属离子
得到回收。组合工艺运行 60h，MD 水通量较单一 DCMD 工艺高出 49.8%，扫描电
镜照片显示 PVDF 中空纤维膜表面的污染物数量变少且尺寸减小，这表明臭氧催化
降解 KHP 可以有效减轻膜蒸馏时 PVDF 膜污染。

　　上述催化膜蒸馏工艺大多是将具有催化活性的粒子或基团直接引入膜基体或者
是热料液中，也有学者将原液经光催化降解后，再进入 MD 工艺进行进一步分离，
即将光催化和膜蒸馏这两个独立的过程组合起来。Hou[245] 等采用 Ag/BiOBr 光催化
—DCMD 组合工艺实现含 N 染料废水的处理，其工艺如图 6-7 所示，研究人员将此
组合工艺称作光催化膜反应器（PMR）。光催化组件主要由 Ag/BiOBr 薄膜/玻璃板
组成，含苦酮酸（PC）的染料废水在光催化组件中经 365nm 紫外光照射 15min，降
解产物作为 PTFE 膜 DCMD 原液进一步处理。结果表明，PMR 工艺可以将 PC 降解
为 NO_2^-，NO_3^- 和 NH_4^+ 等含氮离子。由于 PC 及其降解产物的不可挥发性，DCMD 可
以完全截留这些物质以保证渗透侧产水水质。

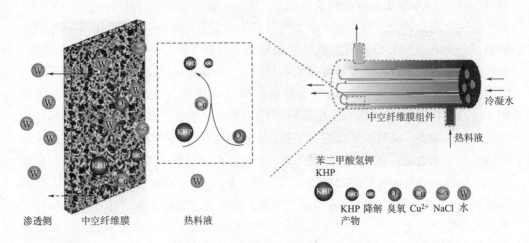

图 6-6　臭氧催化膜蒸馏工艺示意图

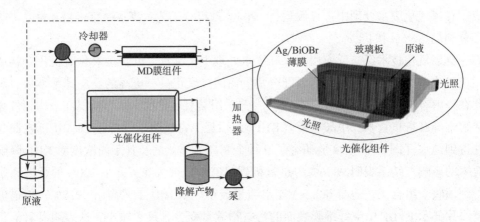

图 6-7　光催化膜反应器流程示意图

6.2.3　渗透膜蒸馏（OMD）

渗透膜蒸馏（OMD）将正渗透和膜蒸馏过程结合于一体，通过以膜两侧的渗透压和蒸气压不同而实现混合物分离，OMD 同样采用疏水性多孔分离膜，其主要分离可挥发性物质。可挥发性物质在疏水膜表面汽化，通过膜孔到达高渗透压侧冷凝而实现高效分离（图 6-8），可挥发性物质与分离膜的亲和力是影响传质过程的重要因素。Hasanoğlu[246] 通过 OMD—VMD 组合工艺实现果汁中芳香物质（如乙醇、乙酸乙酯、1-丁醇和乙醛等）的浓缩和分离。两种工艺中均采用同样的多孔疏水性 PP 中空纤维膜。OMD 膜两侧分别为原液和 $CaCl_2$ 汲取液，芳香物质经蒸发渗透进入汲取液，汲取液又通过 VMD 工艺进行进一步浓缩分离芳香物质。研究人员探讨了 OMD 过程中操作条件，尤其是膜两侧液体流速和浓度对芳香物质提取率的影响以及真空度对 VMD 性能的影响，组合工艺对不同芳香物质提取率在 70% 以上。Salmón[247] 等通过渗透膜蒸馏—结晶（OMD—C）组合工艺浓缩结晶后经捕集温室气体 CO_2 后得到的 Na_2CO_3，实验分别采用 Na_2CO_3 水溶液和 NaCl 水溶液作为原料液和汲取液在中空纤维膜内腔和膜组件壳程循环，并详细考察了料液流速、汲取液流速及温度等操作条件对组合工艺分离性能的影响。

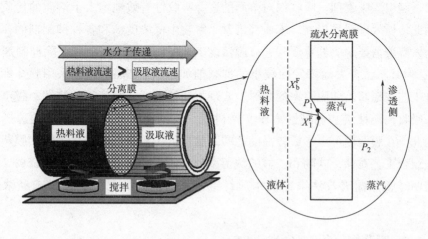

图 6-8　OMD 工艺流程示意图

为了考察 OMD 工艺的稳定性，有学者研究了不同操作条件，包括热料液温度和浓度等，在长达 2.5 年时间内对 PP 毛细管膜（Accyrel，PP S6/2）渗透通量的影响[248]。实验分别采用 NaCl 饱和水溶液和蒸馏水作为汲取液和热料液。汲取液通过 Białecki 环在室温环境下再生。研究结果证实 99% 的 PP 膜孔没有被润湿，虽然膜渗透通量下降了 10%~20%，但其盐截留率始终能够维持在 99% 以上。通过 SEM 和 X 射线能谱分析（EDS）证实渗透侧膜表面没有 NaCl 晶体而是形成一层 0.5~2μm 水合硅酸钠，这主要是由于 NaCl 饱和溶液中存在的微量硅酸钠在长期 OMD 工艺中沉积而成。

传统热蒸发技术（CTE）会导致热敏性物质（如番茄汁等）发生氧化变性，甚至可能会形成一些致突变和致癌化合物，如呋喃和羟甲基糠醛，而使用 OMD 工艺对番茄汁进行浓缩可以更大限度地保留其色泽和大部分物化特性，且不会形成致癌产物，成为一种替代 CTE 的潜在方法。Bahçeci[249] 等采用 0.2μm 孔径的 PP 毛细管膜 OMD 工艺对来自土耳其阿达纳的一家大型番茄酱加工厂的热榨番茄汁进行浓缩。

通过多种参数的考察，如颜色、羟甲基糠醛和呋喃含量，证实 OMD 工艺处理后的浓缩液中不存在这些致癌物，而传统 CTE 技术的浓缩物中，这些致癌物的含量要高出 3~4 倍（1.89~7.14mg/kg）。OMD 处理后的总维生素 C 含量比 CTE 更高。感官评价也显示，除稠度外，膜技术所得产品优于热浓缩产品。

6.2.4 膜蒸馏—吸附

对于一些挥发性相对较低的溶质，为了提高其在分离膜两侧的蒸汽压差，可以在膜渗透侧引入吸收剂。吸收剂对溶质的选择吸收性有效地增大了溶质的传质驱动力，因此传质效率明显提高。木质纤维素水解物中低浓度糖和各种抑制剂的存在是其作为发酵液需要解决的重要问题。膜蒸馏工艺可以有效浓缩糖和去除抑制剂（如呋喃），但其不适合去除挥发性较小的抑制剂如乙酸。Zhan[250] 等采用膜蒸馏—吸附组合工艺在提高乙酸脱除率的同时，实现木质纤维素水解产物的浓缩。膜蒸馏渗透侧为吸收剂活性炭和弱碱性离子交换树脂，该吸收剂对乙酸有很好的选择吸收性。因此，在膜两侧可以形成较高的乙酸跨膜蒸汽压差。实验结果表明，膜蒸馏—吸收法组合工艺对糖、呋喃和乙酸的截留率分别达到 98%、99.7% 和 83.5%。发酵结果表明经膜蒸馏吸收法浓缩的木质纤维素水解产物的乙醇产量是未经浓缩的 10 倍。

6.2.5 膜蒸馏—萃取（MD—SX）

膜蒸馏可将原液高倍浓缩，后经萃取工艺将其中的待萃取物质提取出来纯化。有学者采用 DCMD—SX 组合工艺实现酸性矿山废液高倍浓缩及酸性物质的回收[251]。DCMD 工艺将废液中的 H_2SO_4 浓度由初始的 0.85mol/L 提高至 4.44mol/L。硫酸盐和金属物质的分离效率 >99.99%，总水回收率超过 80%。用 50% 的三-（2-乙基己基）胺（TEHA）和 10% 正辛醇壳溶胶 A150 组成的有机萃取剂体系回收浓溶液中的硫酸。从含有 245g/L 硫酸和不同浓度金属的废液中，一次接触可提取 80% 以上的硫酸。经过三级连续萃取，将近 99% 的酸被萃取出来，在萃余液中仅剩下 2.4g/L 的 H_2SO_4。用 60℃ 的水可将提取的酸从萃取剂中轻易分离。

6.2.6 膜蒸馏—精馏（MD—R）

在传统精馏塔中引入膜蒸馏操作单元，可以通过设计二者的布局在获得高纯度产物的同时减小能耗。因此，有学者通过设计不同膜蒸馏—精馏（MD—R）组合工艺考察其能耗和选择性的相互关系。Alshehri[252] 设计了三种 MD—R 组合工艺（预蒸馏，平行蒸馏以及后蒸馏，如图 6-9 所示）并考察了压降比和选择性的变化情况。其中压降比为膜蒸馏原料液侧压力与渗透侧压力之比。为了达到一个特定的分离效果，分离膜选择性和压降比均应为最小值。结果发现，预蒸馏工艺中选择性较低时，MD 操作单元的引入不会降低精馏塔的能耗。平行蒸馏工艺中 MD 操作单元可以降低精馏塔能耗，且膜选择性越高，能耗降低越明显。随着压降比增大，能耗进一步降低。后蒸馏工艺中，高的选择性和压降比导致能耗显著下降。整体而言，膜蒸馏—精馏组合工艺中分离膜选择性越高，能耗越小。

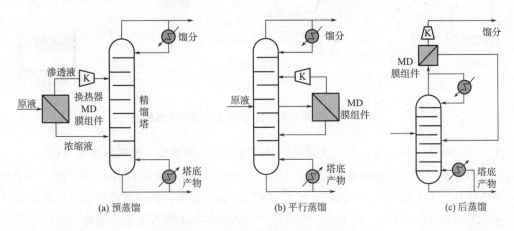

(a) 预蒸馏   (b) 平行蒸馏   (c) 后蒸馏

图 6-9   膜蒸馏—精馏组合工艺示意图

6.3   膜蒸馏—新型分离技术组合工艺

6.3.1   正渗透—膜蒸馏（FO—MD）

正渗透（FO）是一种渗透驱动过程，原料液和汲取液分别置于分离膜两侧，依靠膜两侧渗透压驱动，水分子由原料液渗透到汲取液中。FO 汲取液必须经过水回收才能保证持续的正渗透脱盐过程。而高浓盐溶液处理正是 MD 工艺的优势之一，因此 FO—MD 组合工艺可以保证 FO 工艺的连续运行。作为低耗能的 FO 和 MD，两种工艺在海水淡化、工业废水处理以及食品加工等领域有着广阔的应用潜力。图 6-10 所示为典型 FO—MD 组合工艺流程。原液中水分经 FO 膜渗透到汲取液中，将稀释后的汲取液加热作为 MD 原液经 MD 工艺纯化后继续作为 FO 原液回用，而 MD 渗透液则作为纯水使用。

开发具备高渗透压、低盐通量以及易回收的汲取液，对于 FO 工艺而言至关重要，而其中易回收的汲取液经 MD 工艺可以得到高纯度高产率的回用汲取液。为

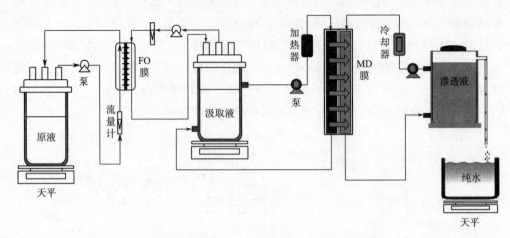

图 6-10 典型 FO—MD 组合工艺流程示意图

此，Nguyen Nguyen Cong 教授课题组分别采用商品化的平板三醋酸纤维素（CTA）/
非织造布膜（HTIs OsMen 121204，Albany，OR，USA）和不同孔径的 PTFE、PP
平板膜作为 FO 和 MD 用分离膜，研究新型 FO 汲取液包括高电荷磷酸盐[253]以及添
加有絮凝剂 Al$_2$（SO4）$_3$ 的 MgCl$_2$ 水溶液[254]对 FO—MD 组合工艺浓缩高营养污泥以
及海水脱盐性能的影响。碱性条件下（pH=9）的高电荷磷酸盐汲取液中 Na$^+$ 以及
HPO$_4^{2-}$ 的复合作用导致 Na$^+$ 自由离子减少，大大减小了污泥原液中盐离子的渗透。
0.45μm 孔径的 PTFE 膜的 MD 水通量最高，达到 10.28L/m^2 且盐截留率接近
100%。而 MgCl$_2$ 汲取液中絮凝剂 Al$_2$（SO$_4$）$_3$ 的引入导致絮凝物一定程度的堵塞膜
孔，从而使 FO 中海水原液盐离子的渗透量减小。同样，MD 工艺处理 35g/L 海水
时采用 0.45μm 孔径的 PTFE 膜的水通量最高，可以达到 5.41L/m^2，盐截留率达到
99.90%。此外，Zhao[255] 等开发了一种基于热敏共聚物聚（4-磺酸钠-共聚-n-异
丙基丙烯酰胺）（PSSS—PNIPAM）的汲取液并将其应用于 FO—DCMD 组合工艺海
水淡化中。新汲取液具有极高渗透压，FO 水通量可达 4kg/（m^2·h）且可以通过
DCMD 再生回用。由于汲取液中 PNIPAM 的热敏特性，存在一个临界温度，在此温
度以上 PNIPAM 发生聚集导致 FO 工艺中汲取液渗透压以及 DCMD 工艺中水蒸气分
压降低。

新加坡国立大学 Chung Tai-Shung 教授课题组对中空纤维膜 FO—MD 组合工艺
开展了相关研究与应用。课题组通过 FO—MD 组合工艺回收水中牛血清白蛋白
（BSA）[256]。其中 FO 膜采用亲水聚苯并咪唑（PBI）中空纤维纳滤膜，MD 采用疏
水 PTFE/PVDF 共混中空纤维膜。FO 过程以 NaCl 水溶液为汲取液，BSA 水溶液中

的水通过 FO 膜渗透到汲取液中，后经 DCMD 处理浓缩 NaCl 并回收水。实验优化了 FO 中不同汲取液浓度以及 DCMD 中原液温度。当 FO 跨膜通量与 MD 水蒸气蒸发通量一致时，组合工艺可以连续稳定运行。之后，课题组分别采用三醋酸纤维素/聚酰胺平板复合膜和 PVDF 中空纤维膜为 FO 和 MD 工艺用分离膜，对含油废水进行无害化处理[257]。结果表明含有 NaCl 的水包油乳液（液滴直径<1μm）经 FO—MD 组合工艺处理后，水回收率可高达 90%，且产水中仅有痕量的油和盐，正渗透汲取液可以通过 MD 进行有效再生。为了进一步增大 FO 驱动力，课题组开发了一种含有大量亲氢基团和离子的氢酸络合物作为 FO 汲取液，并采用力学性能更加优异的七孔 PVDF 中空纤维膜作为 DCMD 海水脱盐用分离膜[258]。这种新型汲取液经 FO 浓缩后由 DCMD 工艺进一步纯化使用。FO 工艺和 DCMD 工艺的水通量可以分别达到 6kg/（m²·h）和 32kg/（m²·h）。

此外，有学者通过 Box-Behnken 响应面法对 FO—MD 组合工艺处理高盐垃圾渗滤液的操作条件进行优化[259]。这些操作条件包括 FO 工艺中原液及汲取液的流速以及汲取液的浓度、MD 热料液进口温度。得到的优化条件为 FO 原液流速 0.87L/min，原液中 NaCl 浓度 60000mg/L，汲取液流速 0.31L/min，汲取液浓度 4.82mol/L，MD 进口温度（62.5±0.5）℃。最优条件下，垃圾渗滤液盐截留率高于 96%，总有机碳（TOC）和总氮（TN）脱除率均大于 98%，重金属如 Hg、As 以及 Sb 均得到彻底去除。

6.3.2 膜蒸馏—生物反应器（MD—BR）

传统的膜生物反应器（MBR）采用超滤（UF）或微滤（MF）膜对废水中的混合液悬浮固体（MLSS）进行分离。与传统活性污泥（CAS）法相比，MBR 的潜在优点是能够独立于水力停留时间而控制固体停留时间（SRT），污泥损耗小，占地面积小（无需沉淀池），产水水质高。而在实际 MBR 中，由于氧传递效率降低和潜在的膜污染，限制了 SRT 的应用。因此，MBR 运行时间通常在 15~50 天。另外，MF/UF—MBR 系统对某些低分子量有机物的截留率较低。可将 MBR 和 MD 结合起来，由于 MD 渗透水水质不受活性污泥活性的影响且在疏水膜孔不被润湿的情况下可以充分保持 MD 的高截留率。目前，学者们开发了两种膜蒸馏—生物反应器（MD—BR）组合工艺即一体式和分离式。一体式是将传统 MBR 中的 UF 或 MF 膜替代为 MD 用疏水膜，只有一个 MBR 池。分离式是在传统 MF/UF—MBR 系统后续工艺中引入 MD 进一步将 MBR 产水进行分离提纯处理。

（1）一体式 MD—BR 组合工艺

将传统 MF/UF—MBR 中亲水性 MF/UF 膜替换为 MD 用疏水分离膜，MD 操作单元没有明显变化（图6-11）。一体式MD—BR组合工艺可以在不增加有机物SRT以及MBR单元尺寸的前提下，实现这些有机物的高效分离。Phattaranawik[260]等首先提出一体式MD—BR组合工艺，并指出该工艺可以明显延长有机物的停留时间和提高产水水质，有望取代传统的MBR—反渗透（RO）组合工艺。目前，MD—BR工艺中常采用浸没式PVDF/PTFE膜组件，膜孔径为$0.2 \sim 0.45\mu m$，热液温度通常为$53 \sim 58.5℃$，渗透液通量为$1.5 \sim 11.7 kg/(m^2 \cdot h)$，总有机碳（TOC）浓度在1.7mg/L以下。

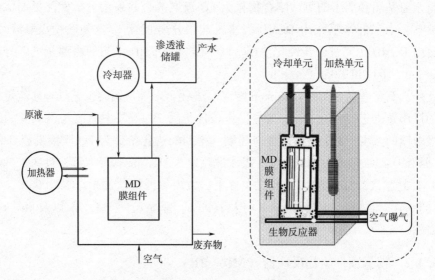

图6-11 一体式MD—BR组合工艺流程示意图

（2）分离式MD—BR组合工艺

将传统MBR与MD工艺进行组合，MBR产水作为MD原水经加热后进入MD工艺实现MBR原液的高效处理（图6-12）。这种工艺可以克服传统单一MBR工艺处理低分子量有机物时去除率低的缺点，同时相较于MBR—RO/纳滤（NF）这些压力驱动膜分离工艺而言，分离式MD—BR组合工艺中MD无需压力驱动，属于热驱动膜分离，更加低碳节能。目前，学者们主要对这种MD—BR组合工艺进行了相关研究。Wijekoon[261]等采用商品化PTFE膜作为DCMD用疏水膜，研究了分离式DCMD—BR组合工艺中生物稳定性与微量有机物去除（TrOCs）情况。单一MBR工艺对分子结构中含有吸电子官能团的TrOCs的去除率相当低，在$0 \sim 53\%$之间。而MD—BR组合工艺可以实现这些TrOCs的高效去除，去除率可达到95%以上。另外，将厌氧移动床生物膜反应器（AMBBR）与MD工艺进行组合可实现城市污水的高效处理。AMBBR厌氧生物产水作为MD原液，原液中的总磷经组合工艺可以完全去除且溶解有机碳去除率大于 98%。为了进一步扩展 MD—BR 工艺去除 TrOCs 的种类并提高其去除率，有学者将酶催化降解引入 MD—BR 工艺中，从而可以实现药物、个人护理产品、工业化学品、甾体激素和农药等中 TrOCs 的高效去除。采用 MD—漆酶催化降解 MBR 组合工艺，对这些物质中 TrOCs 的去除率可达 94%~99%。组合工艺对含有强供电子官能团（如羟基和胺基）的 TrOCs 的降解率在 90% 以上，高于含有吸电子官能团（如酰胺和卤素基）的 TrOCs 的降解率。

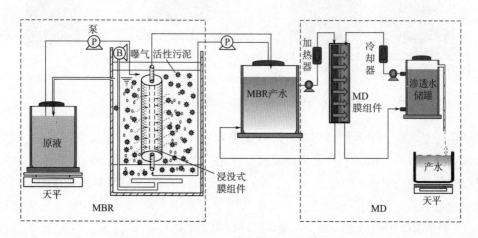

图 6-12　分离式 MD—BR 组合工艺流程示意图

除了将传统 MF/UF—MBR 与 MD 结合成分离式 MD—BR 组合工艺外，也有学者将浸没式正渗透（FO）与 MBR 集成为一体式 FO—MBR 处理废水，其产水再经 MD 进一步脱盐处理，这种分离式 MD‐BR 组合工艺被称为渗透 MBR—MD（OMBR—MD）。该工艺将充满气泡的废水冲刷 FO 膜表面，纯水渗透到汲取液中，稀释的汲取液经 MD 高倍浓缩后回用，如图 6-13 所示。较传统 MF/UF—MBR 工艺，具有半渗透膜的 FO—MBR 对低分子量的有机物有更高的截留率且操作压力和膜污染程度更低，FO 汲取液可以经后续 MD 进行高效回收并得到高品质纯水。Morrow[262] 等采用 OMBR—MD 组合工艺处理模拟的生活污水，其中 COD 和 NH_4^+—N 含量分别达到 1350mg/L 和 160mg/L。来自生物滤池中的回流活性污泥用于 MBR 中，FO 汲取液采用 35g/L 的 NaCl 水溶液。长期测试结果表明 OMBR—MD 组合工艺可以去除 98.4% 的 COD 和 90.2% 的 NH_4^+—N。

6.3.3　加速沉淀软化—膜蒸馏（APS—MD）

加速沉淀软化（APS）是一种使水中溶解物质较快地转化为难溶物质而沉淀析出的水处理方法。为了回收 RO 浓盐水，并减轻 MD 处理 RO 浓盐水易产生的膜表

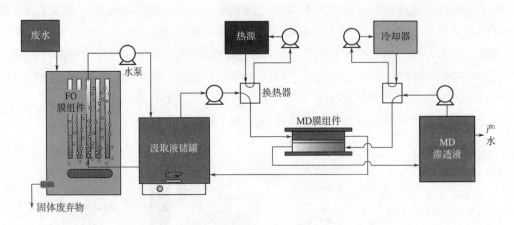

图 6-13　渗透 MBR—MD 组合工艺流程示意图

面结垢污染现象，学者们将加速沉淀软化技术引入膜分离中开发了 APS—MD 组合技术（图 6-14）。Qu[263] 等采用加速沉淀软化—直接接触式膜蒸馏（APS—DCMD）组合工艺处理一级 RO 膜产浓水。该 RO 膜浓水来源于第 29 届奥林匹克运动会用直饮水制造系统（50% 产水率），DCMD 采用 PVDF 中空纤维膜。APS 工艺中通过 NaOH 调节 RO 膜浓水的 pH，结合均匀搅拌以得到 $CaCO_3$ 沉淀，沉淀物经微滤（MF）膜过滤掉，之后经 DCMD 进一步脱盐处理。元素分析结果表明，APS 系统可以去除高达 92% 的钙离子、58.4% 的总硬度、4.4% 的镁离子、1.1% 的硫酸根离子以及 1.6% 的二氧化硅。与单一 DCMD 工艺处理 RO 膜浓水时膜水通量的急剧下降相比较，APS—DCMD 组合工艺中膜蒸馏水通量也随时间延长而出现下降，但其在 300h 内仅下降 20%，表明 APS 可以有效减轻后续 MD 的处理负荷和膜污染。组合

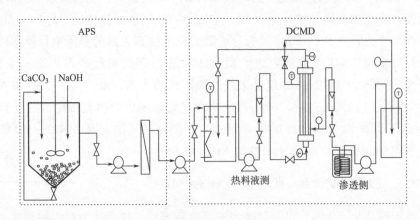

图 6-14　沉淀软化—直接接触式膜蒸馏（APS—DCMD）组合工艺示意图

工艺可以浓缩 RO 浓水至 40 倍，水回收率高达 98.8%，渗透液电导率保持很低水平，在 2.0~6.0μS/cm 之间。

6.4　本章结论

随着膜蒸馏技术的发展，将新型热源、传统分离技术及一些新型分离技术与之结合衍生出来众多的膜蒸馏组合工艺。这极大地突显了膜蒸馏的技术优势、扩展了膜蒸馏技术的应用领域。学者们进行了大量膜蒸馏组合工艺参数优化的研究工作，但涉及组合工艺过程中的传热传质效率以及膜污染等问题的工作还较少。不同类型膜组件应用到同种膜蒸馏组合工艺中的性能比较研究也需要加强。新型分离技术的发展势必也会扩展膜蒸馏组合工艺的种类和应用领域。

第7章 膜蒸馏应用研究

由于理论上对不可挥发物质具有100%的截留特性，且仅需要一定温度的热源作为驱动力，膜蒸馏技术已然成为具有广阔潜力的第三代脱盐技术。随着膜蒸馏用分离膜疏水特性的提高、膜孔结构的优化以及膜蒸馏过程的研究深入，膜蒸馏技术除了应用在海水、苦咸水淡化外，在工业废水处理、热敏物质分离以及其他特种分离等领域也有广泛的应用研究。本章主要对目前膜蒸馏技术的应用领域进行概述，其中海水、苦咸水淡化仍然是膜蒸馏技术应用的重点领域，工业废水处理主要涉及印染废水、循环冷却水、天然气开采废水、放射性废水、含油/表面活性剂废水以及含重金属废水等的处理。热敏物质分离主要包括果汁浓缩和中药成分提取。此外，还有在一些其他特殊领域分离的应用。

7.1 海水淡化

膜蒸馏过程的开发最初就是以海水淡化为目的，弥补反渗透和其他海水淡化技术的缺陷。反渗透过程需要较高的操作压力，预处理要求严格、设备复杂、伴随着浓盐水排放且难以处理高浓度盐溶液。膜蒸馏技术对这些问题都能一一克服，因此，膜蒸馏在海水淡化方面的研究一直是其主要应用方向之一。目前，膜蒸馏技术在海水淡化领域的研究大多是通过实验室模拟、采取实际海水或者反渗透（RO）浓盐水作为原料液，经加热器加热后进入各种构型的MD膜组件，MD极高的脱盐率保证了RO高浓盐水中纯水的高回收率。

7.1.1 模拟海水脱盐

通过模拟实际海水中的主要物质组成，人工合成各种无机盐组成的模拟海水或者直接以35g/L的NaCl水溶液作为模拟海水进行MD脱盐实验，可以满足内陆地区学者们研究的需要以及一些MD技术前期的基础研究。

目前，学者们大多采用35g/L的NaCl水溶液作为原液进行MD海水脱盐研究，包括新型疏水膜在MD海水脱盐中的应用、膜组件优化设计（大小、浸没式）、操作条件优化以及新型工艺的开发［如FO—MD组合工艺、渗透间隙膜蒸馏（PGMD）工艺］等。疏水性更强的分离膜应用在海水脱盐中具有更好的抗润湿性和脱盐稳定性，如表面沉积有氟化物的 PVDF 中空纤维膜可以连续稳定运行 200h，而未沉积氟化物的 PVDF 膜仅能够运行 40h。此外，将具有更高机械强度的疏水性陶瓷膜，如表面氟硅烷接枝改性的二氧化硅陶瓷中空纤维膜应用在 DCMD 海水脱盐中，陶瓷膜可以展现出更加稳定的渗透通量。在太阳能驱动 MD 对 35～50g/L 的 NaCl 水溶液进行脱盐时，浸没式膜组件可以节约 10%～15% 的能源消耗。通过试验设计如响应面试验设计（RSM）可以对海水淡化 MD 工艺参数包括料液温度、流速以及冷凝液温度等进行优化，从而获得最大通量及最小能耗下的最优操作条件。新型海水淡化用 MD 工艺的开发如 PGMD（图 7-1）可以减小传统 AGMD 中空气间隙的传质阻力提高海水脱盐水通量。而 FO—MD 组合工艺（图 7-2）可以通过 FO 代替传统 RO 工艺以减小海水脱盐能耗。

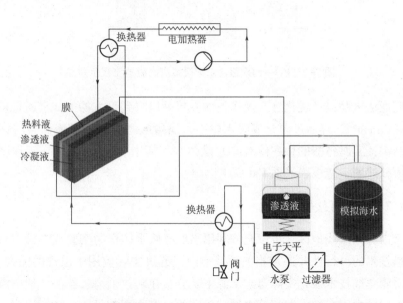

图 7-1　渗透间隙膜蒸馏（PGMD）工艺模拟海水脱盐流程示意图

　　模拟海水中缺少了自然海水水体中存在的腐殖质、藻类以及微生物等各种有机质，其膜污染往往只有无机盐结垢，较实际海水更为简单。为了更接近实际海水中无机盐的组成，学者们又将海水中存在的各种无机盐配制成一种 35g/L 的混合盐溶液（即合成海水）用于 MD 模拟海水脱盐，并研究了腐殖酸对其中碳酸钙结垢的影响。Ruiz-Aguirre[264] 等采用一种双向通道的卷式膜组件用于 PGMD 中对合成海水进行脱盐处理。这种卷式膜组件的双向通道分为蒸汽通道和冷凝液通道。不同膜面积（7.2m² 和 24m²）的膜组件导致双向通道的长度不同（1.5m 和 5.0m），进而影响 AGMD 操作条件参数，如蒸汽进口温度、冷凝液进口温度以及合成海水流速等。

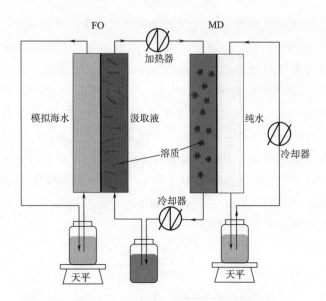

图 7-2 **FO—MD 组合工艺模拟海水脱盐流程示意图**

通过响应面法试验设计优化这些操作条件参数可以得到最大的 MD 水通量以及最小的能耗。Curcio[265] 等通过向合成海水中引入腐殖酸考察其对膜表面碳酸钙结垢的影响。结果证实腐殖酸的存在使 $CaCO_3$ 晶体表面能增加 7%，从而一定程度上抑制其晶体成核速率、减缓膜表面 $CaCO_3$ 结垢。

7.1.2 海水直接脱盐

对于沿海国家或地区，可以充分利用当地海域水体作为实验或者模拟对象，研究膜蒸馏技术的可行性并进行相关领域推广，解决实际应用中出现的问题。目前，学者们对膜蒸馏技术淡化实际海水水源主要分布在阿拉伯海、红海、地中海、澳大利亚沿海以及中国东海、黄海等水域。研究的内容主要涉及 MD 热源优化、膜结构影响、MD 过程能量优化、膜污染以及海水特殊物质去除及提取等[266]。

（1）MD 热源优化

除了采用传统电加热或蒸汽加热为热源外，通过太阳能驱动膜蒸馏加热海水甚至利用发动机潜热作为热源都已经应用在实际海水淡化 MD 技术中。学者们采用太阳能驱动膜蒸馏技术分别对约旦南部和韩国 Suncheon 地区海域海水进行脱盐淡化[267]。高的热能供给（77.3%）以及水通量 [140kg/（m² · h）] 表明太阳能驱动 MD 在实际海水淡化中应用具有很大潜力。此外，有学者充分利用邮轮发动机冷却系统的余热作为 MD 热源，实现了西班牙 Cadiz 海湾海水 MD 淡化技术。该技术克服了传统游轮上的 RO 淡化技术的高成本以及多级闪蒸（MSF）的占地面积大等缺点[229]。

（2）膜结构影响

在实际海水 MD 淡化过程中，疏水分离膜的结构和特性仍然是决定脱盐效果的直接因素。在 DCMD 工艺对阿拉伯海域海水进行淡化的实验中发现，采用表面进行凹凸化的 PVDF 膜的水通量更加稳定，连续测试 103h 水通量仅下降 10.7%，远低于表面未进行凹凸化的 PVDF 膜的 67.6%[165]。对红海海域海水的 DCMD 测试结果表明，与进料液温度等操作条件相比较，膜表面孔隙率是影响膜水通量和脱盐性能的主要因素，而对水通量的影响更为显著[268]。

（3）MD 过程能量优化

为了进一步提高能量回收效率，有学者在四级 VMD 中试工艺处理地中海 80m 深海水时，采用海水原水作为冷却液，并对海水原液进行预热以提高热效率，造水比可达到 3.2[269]。图 7-3 所示为四级 VMD 工艺海水淡化流程示意图，通过提高前级的操作参数以增强 MD 水通量是不可行的，原因是冷凝器无法处理之前产生的所有蒸汽，导致过热和超压。Duong[270] 等采用 AGMD 工艺对澳大利亚 New South Wales 地区海域海水进行脱盐研究，考察了 AGMD 过程中的热量及电量的能耗情况。蒸发器进口温度提高，MD 渗透通量以及能耗均增大。当热料液速率变化时，热量及电量能耗与渗透通量之间存在一个平衡。在优化后的操作条件下，AGMD 工艺热量和电量能耗分别达到 90kW · h/m³ 和 0.13kW · h/m³。

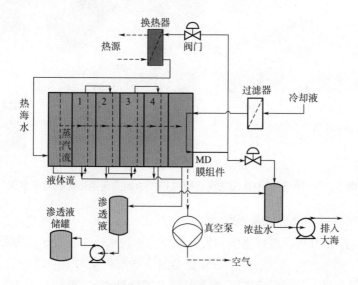

图 7-3　四级 VMD 工艺海水淡化流程示意图

（4）膜污染

在长期的 MD 过程中，除了高浓度的无机盐，实际自然海水水体中存在的腐殖质、藻类以及微生物等各种有机质都会使 MD 膜产生不可避免的膜污染问题。学者们采用各种 MD 工艺分别对澳大利亚沿海 Wollongong 地区和悉尼沿海海域、阿拉伯海水域、地中海、黄海、东海等海水进行脱盐研究并重点考察了膜污染现象，如阿拉伯海水以及东海海水淡化过程中膜表面的无机盐结垢、黄海海水淡化中产生的微生物膜污染行为以及悉尼沿海海水中腐殖质对膜结垢污染的影响。这些研究结果证实，MD 工艺处理不同水域海水时会出现不同的膜污染行为，无机盐结垢是所有海域海水脱盐都会存在的一类膜污染，而某些海域海水中的某些污染物对膜通量的影响较为明显。添加 NaOH/Na$_2$CO$_3$ 软化剂可以有效缓解海水淡化中的无机盐结垢问题，腐殖质在受热下可以分解为低分子腐殖有机物从而堵塞膜孔引发严重的膜污染，而水体中 CaSO$_4$ 的存在会减缓这一过程。另外，采用不同的 MD 海水淡化模式会出现不同的膜污染行为（图 7-4）。在海水 MD 工艺非浓缩模式中，膜污染过程可以分成三个阶段，即覆盖膜形成，生物膜形成以及完整生物膜。而在海水 MD 工艺浓缩模式中，膜污染过程同样可以分成三个阶段，即覆盖膜形成、生物膜与结垢形成以及完整生物膜与大量结垢堆积。相较于非浓缩模式，浓缩模式导致的膜污染更为严重且 MD 水通量下降的会更快。

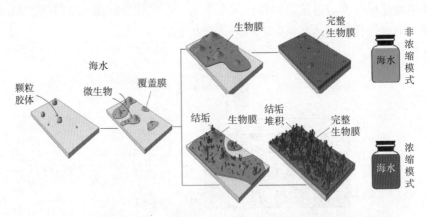

图 7-4　两种不同 MD 工艺海水脱盐模式中的膜污染形成机理示意图

（5）海水特殊物质去除及提取

硼（B）广泛分布于地球水圈和岩石圈中，B 在水体中主要是以硼酸形式存在，部分以硼酸盐的形式存在。长期暴露在含硼量高的水中会对人和动物的心血管、神经、消化系统和性系统造成危害。在 RO 海水淡化装置正常运行的 pH 下，硼主要以硼酸的形式存在，不带电的硼酸很容易通过 RO 膜扩散。对于大多数 RO 海水淡化装置来说，海水中硼的去除正成为一个具有挑战性的问题。依靠溶质蒸汽压而实现高效脱盐的 MD 过程，对水体中的硼酸具有极高的脱除率。Hou[271] 等采用孔径为 0.22μm 的 PVDF 平板膜应用在 DCMD 中，对黄海海水进行脱硼处理研究。黄海自然水体中含有 4.65mg/L 的硼，经 DCMD 工艺处理后其浓度下降到 20μg/L 以下，去除率在 99.9% 以上。PVDF 膜渗透通量随浓度因子（CF）的增加而降低。当 CF 值超过 4.0 时，膜表面出现无机盐晶体沉积且渗透水水质和通量快速下降。300h 连续测试结果证实 DCMD 脱硼的 CF 值可以高达 7.0。Boubakri[272] 等同样采用 PVDF 平板膜 DCMD 工艺对地中海海域海水进行脱硼研究，考察了 DCMD 操作条件对脱硼结果的影响。结果表明，PVDF 膜水通量随海水温度呈指数增长，海水温度为 74℃ 时，膜最大水通量为 27.5kg/（m²·h）。另外，膜水通量随海水中硼以及无机盐浓度的增加而有略微下降，海水 pH 对脱硼性能没有太大影响。DCMD 工艺可以实现硼浓度为 5.37mg/L 的海水中超过 90% 的硼脱除率。连续 18h 测试结果证实 PVDF 膜水通量出现不可避免的下降，达到 15.75%，但硼脱除率始终维持在 90% 以上。

海水中除了含有高浓度的无机盐离子如 Na^+、Mg^{2+}、Ca^{2+} 以及 K^+ 外，还有一些高价值且稀有的元素，如 Rb 以及经济元素 Li。随着作为高能存储电池用的 Li 元素的需求日益增加，从自然资源中提取和回收 Li 就显得尤为重要。与传统提取 Li^+ 的工艺，如蒸发/沉淀以及离子交换吸附等相比，膜蒸馏技术可以近乎 100% 的截留海水中的 Li^+ 且无需高温高压操作。Roobavannan[266] 等通过 DCMD 工艺对海水中浓度为 0.17mg/L 的 Li^+ 进行浓缩后，采用酸处理氧化锰离子筛（HMO）提高海水中 Li^+ 回收率。与苛性钠相比，经草酸预处理的 DCMD 实现了更高的水回收率（88%～91%），浓缩后的海水中 Li^+ 浓度提高了 7 倍。在 Li^+ 溶液中，HMO 在碱性条件下的最大吸附量（Langmuir-Qmax）为 17.8mg/g。HMO 的多次脱附和再生过程中，Li^+ 的吸收量仅下降了 7%～11%。

7.1.3 RO 浓盐水淡化

RO 过程已经大规模用于水淡化中，但其产生的浓水中除含有高浓度的无机盐外，有机物、氨氮含量也很高。为了减少环境污染且进一步提高 RO 水淡化的技术优势，对 RO 浓水的处理必不可少。MD 技术属低压（甚至常压）、低能耗的膜分离过程，其极高的脱盐率使其在处理高浓度盐水时具有突出优势。来自于 RO 工艺的高浓盐水经 MD 分离与提纯后得到纯水，可进一步提高 RO 的产水率，图 7-5 为典型 RO 浓水膜蒸馏工艺流程示意图。

近年来，一些学者对 MD 技术 RO 浓水脱盐做了相当多的工作。采用 MD 工艺对 RO 产浓盐水进行浓缩、纯水回收，可以进一步提高 RO 产水率，降低 RO 的生产成本。这些研究工作主要侧重于采用各种实验设计方法，如正交试验设计和响应面建模，研究 MD 操作条件，包括 RO 浓盐水温度、流速以及浓度对膜脱盐性能的

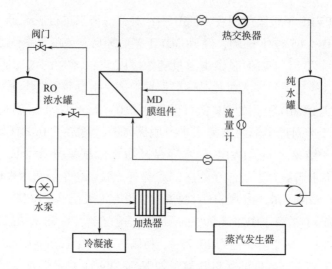

图 7-5　典型 RO 浓水膜蒸馏工艺流程示意图

影响。Qu[273] 等采用 PVDF 中空纤维膜 DCMD 工艺处理 RO 产浓盐水后，产水率由 RO 的 50%提高至 98.8%。中空纤维膜 MD 工艺操作条件对脱盐性能有很重要的影响，如料液温度、流速及浓度等。为了更好地研究这些操作条件对 MD 脱盐性能的影响，Sun[274] 等采用正交试验设计研究 PVDF 中空纤维膜 VMD 工艺操作条件对 NaCl 水溶液脱盐性能的影响，结果表明对 VMD 水通量影响顺序为料液温度大于料液盐浓度大于料液流速。Cheng[275] 等采用响应面建模，优化操作工艺参数对 PVDF 中空纤维膜 DCMD 工艺淡化模拟海水的影响。在最优操作条件下，PVDF 膜水通量可高达 67.1kg/(m² · h)。膜蒸馏技术处理 RO 浓盐水脱盐过程除了考虑操作条件对脱盐性能的影响外，也要充分考虑膜表面 CaCO₃、CaSO₄ 和 SiO₂ 等结垢的影响。其中 CaCO₃ 在脱盐过程中首先形成，并可以用酸处理掉。之后，CaSO₄ 晶体形成并且引起膜水通量的急剧下降。SiO₂ 可以与一些可溶性金属盐形成共沉淀物堆积在膜微孔。除了干湿法 PVDF 中空纤维膜，熔融拉伸纺丝法制备的 PP 中空纤维膜以及静电纺丝法制备的 PVDF 纳米纤维膜也被成功应用于 VMD 处理 RO 浓盐水中[43,58]。

目前最具技术优势的对 RO 浓水零排放的膜分离处理技术是膜蒸馏—结晶（MD—C）组合工艺。热驱动的 MD 过程可以浓缩 RO 浓水至过饱和状态，之后经冷却结晶得到盐晶体，从而达到 RO 浓水回收利用和零排放的目的。学者证实 MD—C 工艺对 RO 浓水中 NaCl 的回收率可达 21kg/(m² · h)，其中 NaCl 晶体呈立方体，尺寸为 20~200μm，最终水回收率达 90%[233]。RO 浓水中存在的溶解有机物不利于 MD—C 工艺中 NaCl 晶体的回收，其回收率降低 20%且膜通量减少了 8%。RO 浓盐水中 NaCl 晶体的生长速率在 $0.8×10^{-8}$ m/s 和 $2.8×10^{-8}$ m/s 之间变化，对过饱和度、极化现象、成核过程和流体力学的仔细控制可以保证 MD—C 工艺在 100h 内保持稳定。通过设计和优化 MD—C 处理 RO 浓盐水工艺可以得到纯水和干燥的盐晶体，而没有其他副产物。在 MD—C 过程中，RO 浓水被浓缩到 $CaCO_3$ 的饱和点。在随后的进一步浓缩过程中，纯水和盐（$CaCO_3$、NaCl、KCl）被分离出来，直到完全脱水和结晶。该工艺的设备和能源成本约为 1.09 欧元/m^3。为了从 RO 浓盐水中获得高回收率的 LiCl 和 Na_2SO_4 晶体，VMD—C 工艺可以将盐水中的无机盐浓度提高到超饱和值，晶体可以为立方体或正交多晶结构，这主要取决于 VMD 操作条件。

7.2　苦咸水淡化

苦咸水的脱盐涉及压力驱动和热驱动膜分离过程，如反渗透、正渗透、纳滤和膜蒸馏等。尽管反渗透仍然是目前苦咸水淡化的主要工艺，但膜蒸馏的诸多技术和成本优势使得越来越多的苦咸水 MD 淡化技术研究的出现。相较于海水，苦咸水中无机盐浓度低，脱盐处理成本也要更低。能耗分析表明，将 RO 与 MD 工艺结合起来可以降低单一 RO 工艺处理苦咸水 30%~70%的成本。含水层盐水和地表淡水的混合是形成苦咸水的关键因素。在河口也可以发现苦咸水，由此产生的海水和淡水混合物的密度降低了生物、有机和无机水污染物的浓度，使其淡化过程不易受到污染。

苦咸水中含有的微量存在的有毒有害物质，如砷（As）、氟（F）等会对土壤以及人体造成污染和伤害。在中国北部和西北部的许多地区，地下水中的含氟量超过 1.5mg/L（高于国家标准的 1.0mg·L）。饮用水中过量的氟化物会造成牙齿和骨骼氟中毒。由于长期饮用存在的风险，苦咸水中的氟化物去除成为苦咸水淡化过程中需要重点考虑的问题之一。地表苦咸水中含有高浓度的氟类化合物如 CaF_2，采用中空纤维膜蒸馏工艺可以很好地去除 CaF_2 等盐类得到饮用水。Hou[276] 等通过 PVDF 中空纤维膜 DCMD 技术处理地表苦咸水。当料液温度和冷凝侧温度分别为 80℃和 20℃时，PVDF 膜最大渗透通量达 35.6kg/(m^2·h)。DCMD 过程中 PVDF 膜表面 $CaCO_3$ 的逐渐沉积使得膜水通量急剧下降，调整苦咸水 pH 为 5.0 可以有效减轻 $CaCO_3$ 结垢，提高中空纤维膜水通量。因为砷（As）是一种无色无味的元素，其在水中很难被发现。全世界 105 个国家和地区的 1.5 亿多人，特别是东南亚、南美洲以及蒙古等，正受到饮用水中砷的急性和慢性接触感染。长期接触可引起皮肤病变以及严重的肾脏损害等健康问题。同样，苦咸水中也存在着微量的 As，有学者通过 VMD 工艺去除苦咸水中的微量 As^{3+}，VMD 可以将苦咸水中 As^{3+} 浓度由 300~2000μg/L 降低至 10μg/L，As^{3+} 截留率>99.5%。苦咸水中腐殖酸的存在使膜水通量略微下降 5.8%，而苦咸水中 Ca^{2+} 也会使膜水通量在 22h 内有明显下降，之后保持稳定。

除了对内陆地区地表或地下苦咸水采用 MD 工艺进行淡化外，有学者也对河口地区的苦咸水 MD 淡化技术做了相关研究工作。Nthunya[215] 等通过静电纺丝工艺制备了疏水化涂层（硅烷化 SiO_2 纳米颗粒）改性的 PVDF 纳米纤维膜并经 DCMD 工艺对荷兰 Terneuzen 和比利时 Antwerp 的 Scheldt 河口水域苦咸水进行脱盐处理。硅烷化 SiO_2 涂层赋予复合膜超疏水特性（水接触角 156°），脱盐率达到 99.99%。

7.3　高浓盐溶液脱盐

膜蒸馏技术可以理论上将 100% 非挥发性物质截留，而当热料液浓缩至一定程度时，伴随高浓盐溶液出现的浓差极化以及无机盐结垢等问题，对 MD 的继续传质和传热过程都有着重要的影响。另外，在一些地区的高浓盐水处理中，MD 技术也有很大的应用潜力。Li[277] 等研究了 PTFE 膜 MD 工艺对 2.0mol/L 的不同盐溶液，KCl、NaCl 以及 $MgCl_2$ 的脱盐情况。不同无机盐的水通量下降趋势有明显不同，这主要归因于不同无机盐离子在水中的活性不同。另外，高浓盐水的高黏度导致严重的温差极化以及膜水通量的下降。同样，有学者对二价无机盐（$MgCl_2$、Na_2CO_3 和 Na_2SO_4）组成的高浓盐水的 MD 工艺进行了研究[278]。盐浓度的增大伴随着 MD 水通量的下降，MD 能耗与无机盐的类型以及盐浓度无关。

在一些高浓盐的自然水域中如美国西部地区大盐湖湖水，其总溶解固体含量（TDS）达到 $1.5×10^5 mg/L$ 以上，Hickenbottom[279] 等采用 PTFE 膜 DCMD 工艺对大盐湖湖水进行淡化处理。DCMD 工艺可以将湖水浓度浓缩至初始的两倍，水通量由 $11kg/(m^2 \cdot h)$ 下降到 $2kg/(m^2 \cdot h)$，减小 80%。实时显微镜观察发现，膜表面无机盐沉积是导致膜水通量下降的主要原因。与自然蒸发相比，MD 技术所需场地要大为减小，$24m^2$ 膜面积的 MD 可以代替 $4047m^2$ 的蒸发池且浓缩高盐卤水的速度快了近 170 倍。

7.4　工业废水处理

膜蒸馏技术优势使其在工业废水处理方面同样有很大的应用价值，尤其是对产水水质要求高以及一些特殊工业废水的处理。

7.4.1　印染废水处理

印染废水水量大、水中污染物复杂，主要有染料、浆料、助剂、油剂、纤维杂质及无机盐等，属当今难处理的工业废水之一。常用于印染废水处理的膜分离技术如超滤（UF），长时间操作易引发严重的膜污染，伴随染料截留率及通量都会出现明显下降。MD 技术操作压力低且可以达到染料 100% 的截留，从而实现染料的回收和废水的无害化处理。由于是热驱动而非 UF 的压力驱动膜分离过程，因此相较 UF 而言，MD 工艺处理印染废水中的膜污染也要轻些。

印染废水中除了染料外通常含有一些其他助剂，如流平剂、软化剂、表面活性剂和其他导致膜污染或润湿的有机化合物。虽然亲水改性方法可以减少由油性物质引起的膜污染和润湿问题，但由表面活性剂引起的润湿问题尚未得到广泛的研究。特别是，表面活性剂可以降低表面张力，从而降低液体渗透压力使 MD 性能恶化。为了抑制 MD 技术处理印染废水时出现的表面活性剂润湿现象，Lin[280] 等在多孔 PTFE 膜表面形成一层琼脂糖水凝胶层，并研究印染工艺中常采用的表面活性剂十二烷基磺酸钠（SDS）、吐温 20 和吐温 85 对 PTFE 膜 MD 工艺的影响。结果表明，琼脂糖水凝胶层在允许水分子透过的同时，将表面活性剂阻挡在料液测，极大减轻了其下方的膜表面污染程度（图 7-6）。10mg/L 的 SDS 和吐温 20 均不能润湿改性的 PTFE 膜。当表面活性剂浓度高于临界胶束浓度（CMC）时，表面活性剂仍能穿透水凝胶。即便如此，PTFE 膜被润湿的速率还是很低的。此外，在对印染废水进行测试时，没有观察到明显的膜润湿现象。表面活性剂在水凝胶与水界面上存在包埋现象，尽管在 PTFE 膜上附着琼脂糖水凝胶层使膜通量降低到 71% 左右，但这种方法能够明显改善印染废水中表面活性剂对膜的润湿问题，使 MD 技术能够从印染废水中回收高纯度的水。

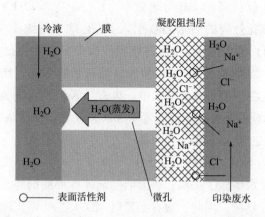

图 7-6　MD 工艺处理印染废水中凝胶层阻挡表面活性剂膜污染机理示意图

印染废水成分复杂且其中的染料分子类型多样，尽管 MD 具有极高的染料截留率，但与 UF 类似，长时间分离操作使得 MD 用膜表面受到不可避免地污染，如何减轻 MD 工艺处理印染废水时的膜污染一直是亟待解决的重要问题之一。中国香港的 An Alicia Kyoungjin 教授团队一直致力于研究各种分离膜在 MD 工艺处理印染废水的污染行为。印染废水中存在一些荷电染料分子，如离子型染料、活性染料等，将带有同种电荷的分离膜应用在 MD 工艺中可以明显改善染料分子在膜表面的吸附和堆积，可减轻膜污染的同时保持较高的染料脱除率。团队首先采用两种商品化荷负电 PTFE 和 PVDF 平板膜 (Millipore, Merck Millipore Ltd, USA) 经 DCMD 工艺脱除两种酸性染料 (AR 18 和 AY 36)[281]。结果表明染料分子在荷负电的分离膜表面吸附明显减弱，形成的疏松片状堆积物主要堆积在膜表面而非膜微孔内部且很容易经水冲洗去除。之后，团队又将静电纺纳米纤维膜应用在 MD 处理印染废水中，并研究了纳米纤维膜表面的染料污染行为。通过将静电纺丝/静电喷雾复合工艺得到的 PVDF—HFP/PDMS 纳米纤维复合膜用于 DCMD 处理不同模拟染料废水中[35]。考察了 DCMD 工艺对两种酸性染料 (酸性红 18 和酸性黄 36) 和两种碱性染料 [亚甲基蓝 (MB)，结晶紫 (CV)] 的膜蒸馏性能。结果证实纳米纤维复合膜表面的荷负电性使其可以用于长期处理含有不同电荷的染料废水，其膜表面形成染料污染层且污染层呈现鳞片状结构，抑制了膜孔内污染物的堆积，膜抗染料污染能力显著增强。间歇水冲洗可以将纳米纤维复合膜表面 WCA 恢复至 99%。

为了减轻分离膜 MD 工艺处理印染废水时的膜污染问题，将光催化剂引入 MD 用分离膜中，形成所谓的光催化膜反应器 (PMR) 可以将光催化降解与膜分离技术相结合，极大减轻印染废水中的污染物尤其是染料在膜表面上的吸附并有效去除污染物，缓解膜污染并保持高的 MD 分离效率。Huang[41] 等以 PVA 为载体通过静电纺丝工艺将具有光催化效应的纳米 ZnO 引入 PTFE 纳米纤维膜中，采用 VMD 工艺处理罗丹明 B (RhB) 模拟废水。10h 连续操作后染料去除率已达到 45%，污染后的纳米纤维膜经 3 h 紫外辐照后，膜通量恢复到初始的 94%。纳米纤维膜可以持续高效地应用在 VMD 工艺处理 RhB 废水中。也有学者将具有光催化降解作用的 Ag/BiOBr 薄膜制作成单独的光催化组件，置于 MD 装置之前对含 N 染料进行光催化降解，降解产物经 PTFE 膜 DCMD 工艺去除[282]。在可见光下，Ag/BiOBr 光催化剂可以将含 N 染料降解为 NO_2^-、NO_3^- 以及 NH_4^+ 等离子，经 DCMD 工艺实现纯水回收。

实际印染工业废水中除了染料、表面活性剂等各种助剂外，还有悬浮物以及低分子的有机物，成分复杂。因此，很有必要对 MD 工艺处理实际印染工业废水进行研究。Li[283] 等论证了 DCMD 处理印染工业废水及其特征污染物的可行性。对 PTFE 和 PVDF 两种工业疏水膜进行了比较研究。结果表明，疏水性更强的 PTFE 膜对所选特征污染物的截留率和水通量均高于 PVDF 膜。在印染工业废水处理中，DCMD 系统表现出不同的通量和截留效率，这与样品组成和浓度密切相关。连续运行48h，样品 1（来自染缸废水排放口）的 COD 和色度去除率分别为 90% 和 94%，样品 2（来自物理化学和生物处理后的印染废水处理厂排放口）的 COD 和色度去除率分别为 96% 和 100%，样品 3（经小型膜生物反应器处理后的合成染料废水）的 COD 和色度去除率分别达到 89% 和 100%。悬浮物的堆积如二氧化硅和分散染料，可能导致膜的润湿和污染。

7.4.2　循环冷却水处理

工业生产如热电厂、石化炼油和化工厂等大多数工业生产部门通常配套有循环冷却水系统（RCW）和纯水生产系统。RCW 系统补给水及纯水生产用水约占世界工业用水的 70%~80%。循环冷却水中含有多种易结垢离子，需要进行脱盐处理以获得纯净水循环使用。传统 RCW 系统的主要缺陷是使用了多种阻垢剂，排污量大，对补给水要求高。同时，许多工业单位对纯水也有要求。目前，冷却水循环再生方式主要有传统多级闪蒸、离子交换以及膜分离技术（如反渗透和纳滤/超滤）等。但是，这些技术存在着水回收率低、化学药剂成本高、前处理后处理复杂、运行维护要求高等缺点，难以克服。作为一种新型热驱动膜分离技术，膜蒸馏可以充分利用工业冷却水余热及其极高的脱盐率以达到冷却水循环再生，图 7-7 所示为典型的 MD 工艺处理循环冷却水流程。为了减轻 MD 过程中的膜污染，Wang[224] 等将冷却水废水在经过聚合氯化铝（PACl）絮凝、精密过滤以及酸化和脱泡等预处理后，进入 PVDF 中空纤维膜 DCMD 工艺。相较于未经预

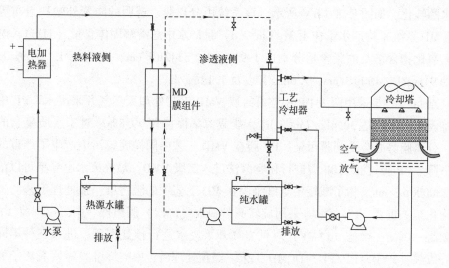

图 7-7　MD 工艺处理循环冷却水流程示意图

处理的单一 DCMD 工艺，PVDF 中空纤维膜水通量提高了 23%。预处理和阻垢剂的添加使 PVDF 膜表面菱形镁方解石晶体的堆积稀疏且尺寸较小。这些结垢很容易通过化学方法清洗掉。研究人员在后续工作中引入了废热作为 MD 热源，并研究了温差和流速对 MD 水通量的影响。

7.4.3 天然气/石油开采废水处理

天然气、页岩气以及石油开采过程中产生的废水含有高盐、COD、有机物以及其他复杂污染物。这种废水的物理和化学性质因地理位置、地质构造有很大的不同，主要成分包括溶解和分散的石油化合物、溶解的地层矿物化合物、固体（如地层固体）、腐蚀和结垢产物、细菌、蜡、沥青以及溶解气体等，未经处理不能重新注入天然气/油井中，而直接排放则会引起严重的土壤和水体污染。必须对采出水进行适当的处理，可以将净化水用于勘探、灌溉、冲洗和其他当地需求。相较于传统的混凝沉降、水聚驱和聚驱、化学氧化等物理和化学处理方法，具有低能耗、高截留率的 MD 工艺可以很好的对天然气开采废水进行净化处理。而且由于地热效应，开采废水通常在逐级升温下产生，这些低品位的余热有利于 MD 工艺在天然气/石油开采废水中的应用。图 7-8（a）所示为传统蒸发池处理天然气开采废水系统，天然气开采油水气三相混合物经三相分离器分离出天然气后，油水混合物进入波纹板扰流器，将天然气开采废水分离后进入蒸发池中进行蒸发分离。Asadi[284] 等在伊朗南部 Sarkhon 地区开发了一个 $40m^2$ 的太阳能膜蒸馏系统用于天然气开采精炼废水的纯化，如图 7-8（b）所示。该系统由分离膜、透明的防紫外塑料盖布等组成。MD 系统平均产水量在 $1.3L/(m^2 \cdot d)$ 且产水中总溶解固体含量（TDS）、电导率、氯化物含量及油脂含量分别由 1991mg/L、$3342\mu S/cm$、1565mg/L、31mg/L 下降到 91mg/L、$150\mu S/cm$、7.6mg/L 以及 1.12mg/L。

Zhang[285] 等采用两级 PP 中空纤维膜 VMD 工艺处理天然气开采废水。PP 中空纤维膜水通量高达 $30.4kg/(m^2 \cdot h)$，盐截留率保持在 99.8%。对于水质复杂的废水，分离膜势必会受到膜污染。PP 膜在 VMD 工艺中同样因膜污染产生了严重的通量下降。PP 膜过滤 110h 需进行化学酸洗进入二级 VMD。最终废水电导率可以浓缩至 $230000\mu S/cm$。为了减轻中空纤维膜在 MD 工艺中的膜污染，预处理工艺的选择和优化至关重要。Cho[286] 等采用旋转圆盘平板（FMX）膜组件、絮凝—沉淀（FS）和絮凝—沉淀—微滤（FSMF）对页岩气开采废水进行预处理后，进入三种不同中空纤维膜（PVDF/PP/PE）DCMD 工艺。经预处理后，中空纤维膜对所有离子的截留率均在 99.99%，通量下降率由 27.7% 减小到 13.6%。开采天然气脱水过程中产生的含三乙二醇（TEG）废水也可以采用中空纤维膜 MD 工艺进行净化处理。Duy-

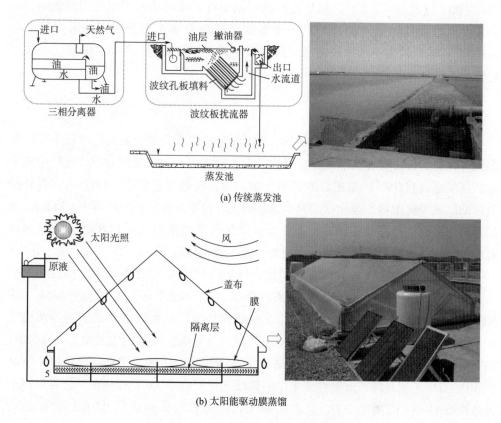

(a) 传统蒸发池

(b) 太阳能驱动膜蒸馏

图 7-8　处理天然气开采废水系统示意图

en[287] 等采用 PTFE 中空纤维膜 SGMD 工艺浓缩天然气脱水废水中的 TEG。TEG 由 9.69% 浓缩至 50%，PTFE 膜水通量由 2.4kg/(m² · h) 下降至 1.6kg/(m² · h)，实验证实 PTFE 中空纤维膜 SGMD 工艺可以将 TEG 浓缩至 98%。

　　油田采出水中含有大量的矿物质，在 MD 工艺处理采出水同时若能将这些矿物质进行有效回收将大大提升油田采出水处理的价值。有学者在采用直接接触式膜蒸馏—结晶（DCMD—C）工艺对油田采出水处理的同时，考察了水中矿物质的回收因子，其值可以达到 37%[288]。采出水中 $BaSO_4$ 浓度达到 $1kg/m^3$，MD 工艺可实现几乎 100% 的回收。

　　在天然气/石油开采中，通常会引入天然或合成表面活性剂将油乳化，因此在开采废水中存在有表面活性剂，这会显著降低 MD 膜的 LEP，导致 MD 性能恶化。为了了解表面活性剂形成的稳定的 O/W 乳液与 DCMD 过程中 PVDF 分离膜之间的关系，Chew[289] 等通过一系列的实验，研究了不同类型和浓度的油和表面活性剂

（Span 20、吐温 20 以及十二烷基硫酸钠）对 PVDF 膜污染和润湿行为的影响。表面活性剂浓度和膜疏水特性对膜污染和润湿行为有着重要影响。亲水亲油平衡（HLB）值较低的表面活性剂通过抑制油滴在膜表面的吸附，使 PVDF 膜表面疏水性降低，污染程度减轻。

7.4.4　放射性废水处理

相较于传统蒸发及离子交换树脂，MD 具有操作压力低、能耗低以及不产生废弃物等优势，使得其在高盐浓度放射性废水处理有很大的应用潜力。核电厂中低浓度放射废水（LLRWs）是主要的放射废水类型，在处理过程中，LLRWs 将首先经过浓缩以减少废水量，净化后的废水满足相关环境要求后排放到环境中。LLRWs 浓缩液通过水泥、沥青或玻璃固化。在整个净化处理过程中，从 LLRWs 中可以回收有价值的物质，如一级冷却剂中的硼酸，进行循环利用。

作为核电厂中主要的放射废水类型，LLRWs 中通常含有少量半衰期较长的核素，如^{60}Co、^{90}Sr、^{134}Cs 和^{137}Cs，以及来自核反应堆一级冷却剂中的大量硼酸（约 500mg/L）。因此，这些核素的分离与回收成为核电厂放射废水处理解决的关键之一。近年来，清华大学的 Wang Jianlong 教授团队对 MD 工艺回收核电厂中 LLRWs 的有用物质包括硼酸、Co^{2+} 以及 Sr^{2+} 进行了系列研究。团队采用真空膜蒸馏—结晶（VMD—C）工艺对模拟放射性废水中的硼酸进行回收[290]。VMD—C 工艺可以将水样浓度浓缩因子提高至 200，核素和硼酸截留率可以分别达到 97.0% 和 99.5%，70℃ 一级 VMD—C 工艺即可实现 50% 的硼酸回收。此外，团队通过 MD 工艺实现 LLRWs 中微量 Co^{2+} 以及 Sr^{2+} 的回收和循环利用。其中，采用 PP 中空纤维膜 VMD 工艺可以去除模拟废水中 99.6% 的 Sr^{2+} 以及 99.67% 的 Co^{2+}，PP 膜水通量可以分别维持在 7.71kg/（m^2·h）和 7.3kg/（m^2·h）。Wen[291] 等采用 PP 中空纤维膜 DCMD 工艺处理高盐放射性废水，研究了废水中无机盐的存在对放射性元素及硼的去除性能的影响。结果表明即使料液中硼离子的浓度浓缩至 5000mg/L 时，PP 中空纤维膜 DCMD 工艺仍可以脱除 99.97% 的硼离子。废水中无机盐的结垢，如 $CaSO_4$ 使得膜通量严重下降以及渗透侧硼离子浓度的增大，料液中添加硼酸和 $NaNO_3$ 可以减小中空纤维膜表面 $CaSO_4$ 结垢。

放射性洗衣废水是核电站运行过程中淋浴和清洗工作服产生的，通常含有表面活性剂。放射性洗衣废水中表面活性剂的存在可以在降低溶液表面张力的同时，显著减小 MD 用分离膜的液体渗透压力（LEP），从而加剧膜润湿。研究结果证实，放射性洗衣废水中 0.08mmol/L 的十二烷基苯磺酸钠（SDBS）即可在 1h 内降低膜 3%~30% 的水通量，尤以非离子型表面活性剂最为严重[221]。4~8h 内，Sr^{2+}、Co^{2+}

以及 Cs+的去污因子分别减小 10~100 倍。表面活性剂对膜的润湿主要是由于表面
活性剂分子在膜表面的自发吸附和溶液表面张力的降低。然而，在 SDBS 溶液中高
浓度的 NaNO₃ 使 SDBS 的临界胶束浓度（CMC）降至 0.06mmol/L 以下，从而形成
SDBS 胶束，并因此使 SDBS 在膜表面的吸附减少。

7.4.5　含油/表面活性剂水处理

石油/天然气、化工和钢铁工业等中表面活性剂的使用使之产生大量的有表面
活性剂的含油废水，这些含油废水中形成的是水包油乳液体系。因此，如何解决含
油废水中表面活性剂对 MD 分离膜的污染是一个亟待解决的问题。Chen[292] 等研究
了 DCMD 工艺处理阳离子/阴离子表面活性剂水包油乳液时超疏水 PVDF 膜表面润
湿性。超疏水 PVDF 膜表面具有很强的负电荷，对阴离子表面活性剂乳化废水具有
稳定的 MD 性能，但在使用阳离子表面活性剂时，存在严重的润湿倾向。此外一些
其他工业油类生产加工时也会产生含油废水。橄榄油加工需经过一系列步骤，包括
纯净水初洗、NaOH 水溶液脱苦、NaCl 水溶液洗涤和发酵。当可发酵的底物耗尽
时，橄榄会被打孔并装在盐水中，所有这些步骤都会产生废水，导致每吨绿橄榄油
和黑橄榄油的生产分别伴随着 3.9~7.5m³ 和 0.9~1.9m³ 橄榄油废水（TOW）的产
生。TOW 废水中含有大量的多酚、糖、有机酸、其他芳香化合物以及高浓度无机
盐。有学者直接采用未经任何预处理的 DCMD 工艺对 TOW 废水进行处理。所用
PTFE 膜在连续 4 h 内对酚类脱除率可保持在 99.5%以上[292]。

MD 过程中使用的疏水性分离膜处理含油或者表面活性剂体系时，这些物质可
以很容易吸附在疏水性分离膜表面，导致膜孔润湿、膜蒸馏性能下降。因此，如何
减轻疏水分离膜 MD 工艺在处理理含油或者表面活性剂体系时更易出现的膜润湿问
题是 MD 研究工作的一个重点方向。增强 MD 用分离膜的疏水特性仍然是解决这个
问题的基础。有学者将具有双重微纳米结构的 SiO₂/聚苯乙烯（PS）球（SINP@
PS）通过喷涂的方式涂覆到 PVDF 膜表面，得到具有超支化结构表面涂层的 PVDF
膜。所制备 PVDF 膜表现出优异的两憎特性，对水和十六烷的表面接触角分别达到
176°和 138.4°。PVDF 膜应用在 DCMD 工艺中处理十二烷基硫酸钠（SDS）稳定的
十六烷水乳体系，在 700min 内水通量始终保持稳定。两憎性分离膜具有对水和油
性物质同时的排斥性，可以有效处理含油或者表面活性剂体系[293]。通过对常规疏
水膜表面进行超支化结构构建可以得到用于 MD 工艺的含油废水处理的两憎性分离
膜。中科院 Hou 教授课题组对静电纺纳米纤维膜在 MD 工艺处理含油/表面活性剂
废水中的应用做了系列研究。为了获得两憎性纳米纤维膜，先后通过同轴静电纺纺
制具有粗糙表面的 SiO₂ 基纳米纤维膜[35] 以及具有亲水/疏水双层结构的 Janus

膜[294]。SiO$_2$基纳米纤维膜表面具有两级凹凸结构，包括由纳米纤维网络结构提供的第一级和由 SiO$_2$ 纳米颗粒赋予的第二级。两级凹凸结构产生了疏水疏油两憎特性，应用在含有十二烷基硫酸钠（SDS）的体系中，表现出优异的抗润湿性能。双层结构的 Janus 膜的亲水层可以有效减轻油类和表面活性剂在其表面的吸附堆积，而亲水层下方的疏水层则可保障膜蒸馏过程的顺利进行。课题组的研究证实，所制备的醋酸纤维素（CA）/PTFE、聚乙烯出（PVA）/PTFE 纳米纤维复合膜可以有效缓解膜表面油及表面活性剂污染，这将扩大静电纺纳米纤维膜在 MD 过程中的应用领域。

除了对 MD 用疏水膜结构与性能进行优化以克服其在处理含油或者表面活性剂体系时出现的膜润湿问题外，在料液为含有表面活性剂（SDS，0.8mol/L）的高浓 NaCl 盐水中引入空气泡，一定程度上增大了溶液体系的表面张力，空气泡可以取代润湿情况下倾向于穿透膜孔的液滴，使膜 LEP 提高[295]。膜的脱盐率达到几乎 100%的同时水通量没有明显变化。在含有表面活性剂的料液体系中引入空气泡的同时，使用超疏水性分离膜，可以进一步增强 MD 工艺处理过程中分离膜的抗表面活性剂润湿特性。

7.4.6 含重金属废水处理

含有重金属的有毒工业废水的直接排放会严重污染环境和人体健康，这些工业废水主要来源于采矿、电镀、印刷、木材加工、纸浆和造纸、石化、钢铁和电池工业等。传统膜分离技术如超滤、纳滤及反渗透等已应用于重金属废水的处理中，并取得了较好效果。而对于工业产生的高浓度重金属废水或者经过传统膜分离技术浓缩后的高浓重金属废水而言，高效、低能耗的 MD 技术成为优选技术之一。静电纺纳米纤维膜以其较高的疏水性和膜渗透通量，应用在高浓重金属废水处理中具有潜在优势。英国斯望西大学的 Hilal 教授课题组对静电纺 PVDF 纳米纤维膜 AGMD 工艺处理含重金属水方面做了系列研究工作。课题组首先将通过静电纺制备 Al$_2$O$_3$/PVDF 纳米纤维膜应用在 AGMD 工艺处理含铅水中，铅截留率达到 99.36%[113]。之后研究人员采用 MATLAB 对该过程进行了模拟，基于纳米纤维膜传热和传质过程，预测纳米纤维膜表面温度和渗透侧空气间隙温度，进而计算渗透侧蒸汽压和水通量。结果证实，分子扩散模型与实验结果可以很好吻合。为了保证 PVDF 纳米纤维膜在 MD 工艺处理含重金属水中长期稳定使用，课题组采用双层静电纺技术制备了异硬脂酸疏水化纳米 Al$_2$O$_3$/PVDF/PVDF 纳米纤维复合膜，以期增强 PVDF 纳米纤维膜的力学性能，实验结果证实双层复合静电纺纳米纤维膜是一个机械增强的有效途径。

7.5　热敏物质分离

7.5.1　果汁浓缩

香味是果汁工业的关键组成部分，其对最终产品的质量以及客户的接受程度起了至关重要的作用。在用于浓缩果汁的常规热处理中，挥发性芳香化合物在蒸汽相中被除去，导致产品的香味损失。中空纤维膜蒸馏技术以较低的操作温度和压力以及紧密的膜组件可以实现果汁浓缩的同时保留香味。Diban[296]等采用 PP 中空纤维膜 VMD 技术浓缩梨中芳香化合物（2,4-癸二酸乙酯）至 15 倍。实验发现 PP 膜对 2,4-癸二酸乙酯具有可逆吸附性。Quist-Jensen[297]等通过超滤工艺将果汁原液中的悬浮物和浊度去除后，采用 PP 中空纤维膜 DCMD 工艺浓缩澄清的橙汁。随着蒸馏过程的进行，橙汁黏度增大，PP 膜水通量下降，橙汁中所有抗氧化类化合物得到很好的保留。

7.5.2　中药成分提取

膜蒸馏技术以其极高的截留率使其在具有高附加值的物质提取方面也有很重要的应用。中药水溶液（HAS）的浓缩与中药制剂的安全性和有效性密切相关，是中药制剂加工的关键操作单元。HAS 是一个相当复杂的体系，其中有效成分含量较低，有的为热敏性物质，如挥发油等。传统减压汽化和高温蒸发等方法通常需要高耗能且不能保证制剂的有效性。膜蒸馏技术操作条件温和，浓缩倍数高且对中药有效成分无损伤。目前，膜蒸馏技术已经应用在中药水溶液浓缩中。Pan[298]等采用 PVDF 中空纤维膜 VMD 技术浓缩莱菔子草药水溶液（SRAS），通过膜水通量阈值优化 VMD 操作条件。在通量阈值之上，出现严重的膜污染。

7.6　其他特种分离

废酸是冶金工艺中常见的污染物。已有一些学者采用平板膜 MD 技术回收废酸，如磷酸、盐酸，并取得了接近 100% 的废酸截留率。近年来，也有中空纤维膜在废酸回收方面的应用研究。Feng[299]等采用 PVDF 中空纤维膜 DCMD 工艺浓缩钛白粉硫酸废酸，$FeSO_4$ 晶体在 PVDF 中空纤维膜外表面形成且均匀分布。PVDF 膜表面出现的污染物质包括 H_2SO_4、$FeSO_4$ 和 NaCl，酸洗可以有效减轻晶体污染并恢复膜水通量。

溴化锂吸收式制冷系统中的传统发电机体积大、重量大，不适合安装在小型装置上，且发电机驱动加热器的温度远高于其他再生能或余热。因此，采用膜蒸馏法可以实现溴化锂水溶液的脱附解吸，使其重新应用在制冷系统中。Wang[300] 等将PVDF 中空纤维膜 VMD 工艺应用在吸收式制冷系统溴化锂溶液回收中，通过正交试验设计优化 VMD 操作条件。图 7-9 所示为实验采取的膜蒸馏工艺回收制冷系统溴化锂流程示意图。可行性和应用前景分析表明，该 MD 系统驱动热温度低，解吸装置体积轻，重量轻。另外，Zhao[301] 等通过 PVDF 中空纤维膜 DCMD 工艺浓缩普遍应用在水处理中的絮凝剂——聚合氯化铝（PACl），可以得到 2.2mol/L、84% Alb 含量（PACl 有效成分）的 PACl 溶液。

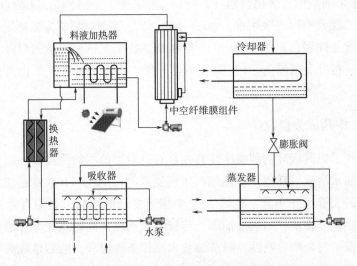

图 7-9　膜蒸馏工艺回收制冷系统溴化锂流程示意图

7.7　本章结论

膜蒸馏技术的发展，使之由最初的模拟实验研究走向实际应用或模拟实际应用研究。学者们通过各种工艺优化方式，对膜蒸馏技术在诸多领域的应用展开了相关研究，证实了膜蒸馏技术极大的应用潜力以及发展前景。目前，仍存在一些需要探讨和亟待解决的共性问题。

（1）DCMD 工艺仍然是目前应用领域中首选的膜蒸馏类型，其他类型膜蒸馏技术的应用研究较少。在 DCMD 应用研究较为成熟时，可以重点加强对其他类型 MD 工艺的应用领域拓展。

（2）大多数的应用研究重点是对膜蒸馏工艺参数的优化，而涉及到传热过程的能耗问题及其与运行参数的相互影响等需进一步研究。

（3）膜蒸馏结合其他不同类型的分离技术，包括传统以及新型分离技术和其他膜分离技术等的组合工艺的实际应用研究较少。随着 MD 组合工艺技术的发展，其应用领域也一定会得到相应的细化和扩充。

（4）伴随膜蒸馏技术在各行各业应用中的发展而始终存在的膜污染问题，应继续加强研究，在工艺参数及传热传质过程优化的基础上，膜蒸馏过程中的膜污染机理、膜污染物减轻及其去除等方面需要进一步深入研究。

参考文献

[1] ANG E Y M. A review on low dimensional carbon desalination and gas separation membrane designs[J]. Journal of Membrane Science,2020(598):117785.

[2] 牛志超,高少雄,郑晓宇. 超声提取联合膜分离技术纯化甘草酸的工艺. 食品工业[J]. 2020(2):122-125.

[3] 郭淑娟,李剑锋,范铃琴,等. 膜蒸馏处理苯酚废水过程中苯酚传质模型的建立[J]. 水处理技术,2020(3):91-95.

[4] 霍达,赵书华,王树立,等. 减压膜蒸馏法再生天然气脱碳液研究[J]. 膜科学与技术, 2019(5):125-130.

[5] ALI A,TSAI J H,TUNG K L. Designing and optimization of continuous direct contact membrane distillation process[J]. Desalination,2018(426):97-107.

[6] CAMACHO L M. Behavior of mixed-matrix graphene oxide-Polysulfone membranes in the process[J]. Separation and Purification Technology,2020(240):116645.

[7] 凤权,武丁胜,桓珊,等. 再生纤维素纳米纤维膜的制备及其蛋白质分离性能[J]. 纺织学报,2016,37(12):12-17.

[8] 陆培培,许振良,杨虎,等. PFSA-PES-纳米颗粒复合纳米纤维的制备及催化性能[J]. 化工学报,2013,64(4):1466-1472.

[9] Y. S. NG. Behavior of hydrophobic ionic liquids as liquid membranes on phenol removal:Experimental study[J]. Desalination,2011(278):250-258.

[10] GE D D,LEE H K. Ultra-hydrophobic ionic liquid 1-hexyl-3-methylimidazolium tris (pentafluoroethyl) trifluorophosphate[J]. Talanta,2015(132):132-136.

[11] ZHANG Y. Novel method for incorporating hydrophobic silica nanoparticles[J]. Journal of Membrane Science,2014(452):379-389.

[12] KUJAWA J. Highly hydrophobic ceramic membranes applied to the removal of volatile organic compounds[J]. Chemical Engineering Journal,2015(260):43-54.

[13] ZHANG L,TANG B. Hydrophobic Light-to-Heat Conversion Membranes with Self-Healing Ability[J]. Advanced Materials,2015(27):4889-4894.

[14] KUKUZAKI M,FUJIMOTO K. Ozone mass transfer in an ozone-water contacting process [J]. Separation and Purification Technology,2010(72):347-356.

[15] MENG T. A thermo-responsive affinity membrane with nano-structured pores[J]. Journal of Membrane Science,2010(349):258-267.

[16] TSENG H H,ZHUANG G L. The influence of matrix structure and thermal annealing-hydrophobic layer on the performance [J] . Journal of Membrane Science, 2015

（495）:294-304.

[17]ZHENG L,WANG J. Preparation,evaluation and modification of PVDF-CTFE hydrophobic membrane[J]. Desalination,2017(402):162-172.

[18]ZHENG L, WU Z, ZHANG Y. Effect of non-solvent additives on the morphology,pore structure[J]. Journal of Environmental Sciences,2016(45):28-39.

[19]WANG J. Fabrication of hydrophobic flat sheetandhollow fiber membranes from PVDF and PVDF-CTFE[J]. Journal of Membrane Science,2016(497):183-193.

[20]CHEN K,XIAO C,HUANG Q,et al. Study on vacuum membrane distillation (VMD) using FEP hollow fiber membrane [J]. Desalination,2015(375):24-32.

[21]ZHANG Y,WANG R. Novel single-step hydrophobic modification of polymeric hollow fiber membranes containing imide groups[J]. Separation and Purification Technology, 2012 (101):76-84.

[22]MI Y,ZHOU W,LI Q. Preparation of water-in-oil emulsions using a hydrophobic polymer membrane[J]. Journal of Membrane Science,2015(490):113-119.

[23]PONCE M L. Stability of sulfonated poly-triazole and polyoxadiazole[J]. Asia-Pacific Journal of Chemical Engineering,2010,5(1):235-241.

[24]MAAB H,FRANCIS L. Synthesis and fabrication of nanostructured hydrophobic polyazole membranes[J]. Journal of Membrane Science,2012(423-424):11-19.

[25]GARCÍA-FERNÁNDEZ L,GARCÍA-PAYO MC. Mechanism of formation of hollow fiber membranes [J]. Journal of Membrane Science,2017(542):456-468.

[26]GARCÍA-FERNÁNDEZ L. Mechanism of formation of hollow fiber membranes for membrane distillation[J]. Journal of Membrane Science,2017(542):469-481.

[27]XU J. Polyoxadiazole hollow fibers for produced water treatment by direct contact membrane distillation[J]. Desalination,2018(432):32-39.

[28]YANG H C,ZHONG W. Janus hollow fiber membrane with a mussel-inspired coating on the lumen surface[J]. Journal of Membrane Science,2017(523):1-7.

[29]EDWIE F. Effects of additives on dual-layer hydrophobic-hydrophilic PVDF hollow fiber membranes[J]. Chemical Engineering Science,2012(68):567-578.

[30]ZUO J. Hydrophobic/hydrophilic PVDF/Ultem ® dual-layer hollow fiber membranes[J]. Journal of Membrane Science,2017(523):103-110.

[31]CHEN Y R,CHEN L H. Hydrophobic alumina hollow fiber membranes for sucrose concentration[J]. Journal of Membrane Science,2018(555):250-257.

[32]HUBADILLAH S K,OTHMAN M H D. A low cost hydrophobic kaolin hollow fiber membrane (h-KHFM) for arsenic removal from aqueous solution[J]. Separation and Purifica-

tion Technology,2019(214):31-39.

[33] WANG J W. β-Sialon ceramic hollow fiber membranes with high strength[J]. Journal of the European Ceramic Society,2016(36):59-65.

[34] HUBADILLAH S K. Green silica-based ceramic hollow fiber membrane for seawater desalination[J]. Separation and Purification Technology,2018(205):22-31.

[35] HUANG Y X,WANG Z X. Coaxially electrospun super-amphiphobic silica-based membrane[J]. Journal of Membrane Science,2017(531):122-128.

[36] GARCÍA-FERNÁNDEZ L. Morphological design of alumina hollow fiber membranes for desalination[J]. Desalination,2017(420):226-240.

[37] XU L. Olefins-selective asymmetric carbon molecular sieve hollow fiber membranes[J]. Journal of Membrane Science,2012(423-424):314-323.

[38] FRANCIS L,GHAFFOUR N. PVDF hollow fiber and nanofiber membranes for fresh water reclamation[J]. Journal of Materials Science,2014(49):2045-2053.

[39] LI K L,ZHANG Y. Optimizing stretching conditions in fabrication of PTFE hollow fiber membrane[J]. Journal of Membrane Science,2018(550):126-135.

[40] ZHOU T,YAO Y Y. Formation and characterization of polytetrafluoroethylene nanofiber membranes[J]. Journal of Membrane Science,2014(453):402-408.

[41] HUANG Q L,HUANG Y,XIAO C F. Electrospun ultrafine fibrous PTFE-supported ZnO porous membrane[J]. Journal of Membrane Science,2017(534):73-82.

[42] SU C I,SHIH J H. A Study of Hydrophobic Electrospun Membrane Applied in Seawater Desalination[J]. Fibers and Polymers,2012,13(6):698-702.

[43] KE H Z. Electrospun polystyrene nanofibrous membranes for direct contact membrane distillation[J]. Journal of Membrane Science,2016(515):86-97.

[44] MANSOURIZADEH A. Influence of membrane morphology on characteristics of porous hydrophobic PVDF hollow fiber[J]. Desalination,2012(287):220-227.

[45] LI Q,XU Z L. Preparation and characterization of PVDF microporous membrane[J]. Polymers Advanced Technologies,2011(22):520-531.

[46] DRIOLI E,ALI A,SIMONE S. Novel PVDF hollow fiber membranes for vacuum[J]. Separation and Purification Technology,2013(115):27-38.

[47] CHANG J,ZUO J. Using green solvent,triethyl phosphate (TEP),to fabricate highly porous PVDF[J]. Journal of Membrane Science,2017(539):295-304.

[48] TANG Y. Effect of spinning conditions on the structure and performance of hydrophobic PVDF hollow fiber[J]. Desalination,2012(287):326-339.

[49] HOU D,WANG J. Fabrication and characterization of hydrophobic PVDF hollow fiber

membranes[J]. Separation and Purification Technology,2009(69):78-86.

[50]SONG Z W,JIANG L Y. Optimization of morphology and performance of PVDF hollow fiber [J]. Chemical Engineering Science,2013(101):130-143.

[51]TANG N. Preparation and morphological characterization of narrow pore size distributed polypropylene[J]. Desalination,2010(256):27-36.

[52]TANG N,PENG Y. Vacuum membrane distillation simulation of desalination[J]. Journal of Applied Polymer Science,2015,132(11):41632-41640.

[53]SONG Z. Determination of phase diagram of a ternary PVDF/c-BL/DOP system in TIPS process[J]. Separation and Purification Technology,2012(90):221-230.

[54]WANG Z. A novel approach to fabricate interconnected sponge-like[J]. European Polymer Journal,2014(60):262-272.

[55]LIN L,GENG H. Preparation and properties of PVDF hollow fiber membrane for desalination[J]. Desalination,2015(367):145-153.

[56]PENG Y,DONG Y. Preparation of polysulfone membranes via vapor-induced phase separation and simulation[J]. Desalination,2013(316):53-66.

[57]MOSADEGH-SEDGHI S. Morphological,chemical and thermal stability[J]. Separation and Purification Technology,2012(96):117-123.

[58]SHAO F. Study on vacuum membrane distillation of PP hollow fiber membranes[J]. Desalination and Water Treatment. 2013(51):3925-3929.

[59]SHAO F. Experimental and theoretical research on N-methyl-2-pyrrolidone concentration [J]. Journal of Membrane Science,2014(452):157-164.

[60]PRINCE J A,ANBHARASI V. Preparation and characterization of novel triple layer[J]. Separation and Purification Technology,2013(118):598-603.

[61]VANANGAMUDI A. Synthesis of hybrid hydrophobic composite air filtration membranes [J]. Chemical Engineering Journal,2015(260):801-808.

[62]SU C,LU C. Fabrication and post-treatment of nanofibers-covered hollow fiber membranes [J]. Journal of Membrane Science,2018(562):38-46.

[63]FANG H,GAO J F. Hydrophobic porous alumina hollow fiber for water desalination[J]. Journal of Membrane Science,2012(403-404):41-46.

[64]DAS R,SONDHI K. Development of hydrophobic clay-alumina based capillary membrane for desalination[J]. Journal Asian Ceramic Society,2016(4):243-251.

[65]SHUKLA S,BENES N E,VANKELECOM I. Sweep gas membrane distillation in a membrane contactor[J]. Journal of Membrane Science,2015(493):167-178.

[66]ZAHERZADEH A. Optimization of flat sheet hydrophobic membranes synthesis via super-

critical CO₂[J]. Journal of Supercritical Fluids,2015(103):105-114.

[67]SUN S P,WANG K Y. Novel polyamide-imide/cellulose acetate dual-layer hollow fiber membranes[J]. Journal of Membrane Science,2010(363):232-242.

[68]ZHU W P. Dual-layer polybenzimidazole/polyethersulfone (PBI/PES) nanofiltration (NF)[J]. Journal of Membrane Science,2014(456):117-127.

[69]ZHU J,JIANG L. New insights into fabrication of hydrophobic/hydrophilic composite hollow fibers[J]. Chemical Engineering Science,2015(137):79-90.

[70]MAO Z,JIE X,CAO Y. Preparation of dual-layer cellulose/polysulfone hollow fiber membrane[J]. Separation and Purification Technology,2011(77):179-184.

[71]BONYADI S. Highly porous and macrovoid-free PVDF hollow fiber membranes for membrane distillation[J]. Journal of Membrane Science,2009(331):66-74.

[72]LI K,WANG D. Internally staged permeator prepared from annular hollow fibers for gas separation[J]. AIChE Journal,1998,44(4):849-858.

[73]YANG S H,TEO W K,LI K. Formation of annular hollow fibres for immobilization of yeast in annular passages [J]. Journal of Membrane Science,2001 (184):107-115.

[74]ZHU H,WANG H. Preparation and properties of PTFE hollow fiber membranes for desalination[J]. Journal of Membrane Science,2013(446):145-153.

[75]KHAYET M. Structural and performance studies of poly(vinyl chloride) hollow fiber membranes[J]. Journal of Membrane Science,2009(330):30-39.

[76]GARCÍA-FERNÁNDEZ L,GARCÍA-PAYO C,KHAYET M. Hollow fiber membranes with different external corrugated surfaces for desalination[J]. Applied Surface Science,2017 (416):932-946.

[77]徐天成,张洁敏,付振刚,等.聚合物多通道中空纤维膜研究进展[J].膜科学与技术,2013,33(5):92-97.

[78]WANG P,CHUNG T S. Design and fabrication of lotus-root-like multi-bore hollow fiber membrane[J]. Journal of Membrane Science,2012(421-422):361-374.

[79]LU K J,ZUO J. Tri-bore PVDF hollow fibers with a super-hydrophobic coating for membrane distillation[J]. Journal of Membrane Science,2016(514):165-175.

[80]ZHANG H. Effect of the exposure time on the structure and performance[J]. Journal of Applied Polymer Science,2016,133(34):43842-43851.

[81]MANJULA S,NABETANI H. Flux behavior in a hydrophobic dense membrane with undiluted[J]. Journal of Membrane Science,2011(366):43-47.

[82]RAISI A,AROUJALIAN A. Aroma compound recovery by hydrophobic pervaporation[J]. Separation and Purification Technology,2011(82):53-62.

[83] SUN D,LIU M Q. Preparation and characterization of PDMS-PVDF hydrophobic micro-porous membrane[J]. Desalination,2015(370):63-71.

[84] JADAV G L. In-situ preparation of polydimethylsiloxane membrane with long hydrophobic alkyl chain[J]. Journal of Membrane Science,2015(492):95-106.

[85] DUMÉE L,CAMPBELL J L. The impact of hydrophobic coating on the performance of car-bon nanotube bucky-paper membranes[J]. Desalination,2011(283):64-67.

[86] FIGOLI A,URSINO C. Innovative hydrophobic coating of perfluoropolyether(PFPE)[J]. Journal of Membrane Science,2017(522):192-201.

[87] SUK D E,MATSUURA T,PARK H B,et al. Development of novel surface modified phase inversion membranes[J]. Desalination,2010(261):300-312.

[88] CHAREYRE L,CERNEAUX S. Si—Zr—C—N—based hydrophobic plasma polymer mem-branes[J]. Thin Solid Films,2013(527):87-91.

[89] PRINCE J A. Effect of hydrophobic surface modifying macromolecules on differently pro-duced[J]. Chemical Engineering Journal,2014(242):387-396.

[90] ESSALHI M. Surface segregation of fluorinated modifying macromolecule for hydrophobic [J]. Journal of Membrane Science,2012(417-418):163-173.

[91] MENG S,YE Y. Crystallization behavior of salts during membrane distillation with hydro-phobic[J]. Journal of Membrane Science,2015(473):165-176.

[92] LEE H J,MAGNONE E. Preparation, characterization and laboratory-scale application [J]. Journal of Membrane Science,2015(494):143-153.

[93] KHEMAKHEM M. Emulsion separation using hydrophobic grafted ceramic membranes[J]. Colloids and Surfaces A:Physicochemical and Engineering Aspects,2013(436):402-407.

[94] LEE H J,PARKJH. Effect of hydrophobic modification on carbon dioxide absorption [J]. Journal of Membrane Science,2016(518):79-87.

[95] ALGIERI C,DONATO A,GIORNO L. Tyrosinase immobilized on a hydrophobic membrane [J]. Biotechnology and Applied Biochemistry,2015,64(1):1-8.

[96] VITOLA G. Development of a Novel Immobilization Method by Using Microgels to Keep Enzyme[J]. Macromolecular Bioscience,2016,17(5):381-342.

[97] WANG L, HAN X,LI J. Hydrophobic nano-silica/polydimethylsiloxane membrane[J]. Chemical Engineering Journal,2011(171):1035-1044.

[98] LI T. Preparation and Properties of Hydrophobic Poly(vinylidene fluoride)-SiO$_2$[J]. Journal of Applied Polymer Science,2014,131(13):40430-40437.

[99] YUAN J. Hydrophobic-functionalized ZIF-8 nanoparticles incorporated PDMS[J]. Asia-pacific Journal of Chemical Engineering,2017,12(1):110-120.

[100]RAMAIAH K P,SATYASRI D. Removal of hazardous chlorinated VOCs from aqueous solutions[J]. Journal of Hazardous Materials,2013(261):362-371.

[101]WANG J W,LI L. Highly Stable Hydrophobic SiNCO Nanoparticle-Modified Silicon Nitride Membrane[J]. AIChE Journal,2017,4(63):1272-1277.

[102]TSURU T,NAKASUJI T,OKA T. Preparation of hydrophobic nanoporous methylated SiO_2 membranes[J]. Journal of Membrane Science,2011(384):149-156.

[103]YANG J. Hydrophobic modification and silver doping of silica membranes for H_2/CO_2 separation[J]. Journal of CO_2 Utilization,2013(3-4):21-29.

[104]MOKHTAR N M. The potential of direct contact membrane distillation[J]. Chemical Engineering Research and Design,2016,(111):284-293.

[105]HOU D,WANG J. Preparation and properties of PVDF composite hollow fiber membranes [J]. Journal of Membrane Science,2012(405-406):185-200.

[106]LU K J. Novel PVDF membranes comprising n-butylamine functionalized grapheme oxide [J]. Journal of Membrane Science,2017(539):34-42.

[107]TEOH M M,CHUNG T S. Membrane distillation with hydrophobic macrovoid-free PVDF-PTFE[J]. Separation and Purification Technology,2009(66):229-236.

[108]WANG P,TEOH MM,CHUNG T S. Morphological architecture of dual-layer hollow fiber for membrane distillation[J]. Water Research,2011(45):5489-5500.

[109]WANG P,CHUNG T S. A conceptual demonstration of freeze desalination-membrane distillation[J]. Water Research,2012(46):4037-4052.

[110]ZHAO J,SHI L. Preparation of PVDF/PTFE hollow fiber membranes for direct contact membrane distillation[J]. Desalination,2018(430):86-97.

[111]JAFARI A, KEBRIA M R S. Graphene quantum dots modified polyvinylidene fluride (PVDF) nanofibrous membranes[J]. Chemical Engineering & Processing:Process Intensification,2018(126):222-231.

[112]HOU D Y,LIN D C,DING C L,et al. Fabrication and characterization of electrospun superhydrophobic PVDF-HFP/SiNPs hybrid membrane[J]. Separation and Purification Technology,2017(189):82-89

[113]LEE J G,LEE E J. Theoretical modeling and experimental validation of transport and separation properties[J]. Journal of Membrane Science,2017(526):395-408.

[114]TIJING L D. Superhydrophobic nanofiber membrane containing carbon nanotubes[J]. Journal of Membrane Science,2016(502):158-170.

[115]WOO Y C,TIJING L D. Water desalination using graphene-enhanced electrospun nanofiber membrane[J]. Journal of Membrane Science,2016(520):99-110.

［116］LEE E J. Electrospun nanofiber membranes incorporating fluorosilane-coated TiO_2 nano-composite［J］. Journal of Membrane Science,2016(520):145-154.

［117］ATTIA H,ALEXANDER S. Superhydrophobic electrospun membrane for heavy metals removal［J］. Desalination,2017(420):318-329.

［118］PRINCE J A. Preparation and characterization of highly hydrophobic［J］. Journal of Membrane Science,2012(397-398):80-86.

［119］LALIA B S. Nanocrystalline cellulose reinforced PVDF-HFP membranes for membrane distillation application［J］. Desalination,2014(332):134-141.

［120］ATTIA H,OSMAN M S. Modelling of air gap membrane distillation and its application in heavy metals removal［J］. Desalination,2017(424):27-36.

［121］SARKAR S. Hydrophobic capillary membrane based on clay-alumina formulation［J］. Procedia Engineering,2012(44):1542-1543.

［122］WU H,LIU L,PAN F. Pervaporative removal of benzene from aqueous solution［J］. Separation and Purification Technology,2006,51(3):352-358.

［123］YANG X. Performance improvement of PVDF hollow fiber-based membrane distillation process［J］. Journal of Membrane Science,2011(369):437-447.

［124］MIZUNO S,MAEDA T. Biodegradability,reprocessability,and mechanical properties［J］. Polymer Degradation and Stability,2015(117):58-65.

［125］YUE M. Switchable hydrophobic/hydrophilic surface of electrospun poly(l-lactide) membranes［J］. Applied Surface Science,2015(327):93-99.

［126］WEI X,ZHAO B,LI X M,et al. CF_4 plasma surface modification of asymmetric hydrophilic polyethersulfone membranes［J］. Journal of Membrane Science,2012(407-408):164-175.

［127］XU W T,ZHAO Z P. Morphological and hydrophobic modifications of PVDF flat membrane［J］. Journal of Membrane Science,2015(491):110-120.

［128］TUR E. Surface Modification of Polyethersulfone Membrane［J］. Journal of Applied Polymer Science,2012(123):3402-3411.

［129］WOO Y C,CHEN Y. CF_4 plasma-modified omniphobic electrospun nanofiber membrane ［J］. Journal of Membrane Science,2017(529):234-242.

［130］TONG D. Preparation of Hyflon AD60/PVDF composite hollow fiber membranes［J］. Separation and Purification Technology,2016(157):1-8.

［131］ZHANG Y,WANG X. Enhancing wetting resistance of poly(vinylidene fluoride) membranes［J］. Desalination,2017(415):58-66.

［132］ZHOU H. Fabrication of high silicalite-1 content filled PDMS thin composite pervaporation membrane[J]. Journal of Membrane Science,2017(524):1-11.

[133]XU Z,LIU X,SONG P. Fabrication of super-hydrophobic polypropylene hollowfibermembrane and its application[J]. Desalination 2017(414):10-17.

[134]DENG L. Self-roughened omniphobic coatings on nanofibrous membrane[J]. Separation and Purification Technology,2018(206):14-25.

[135]LI X. Superhydrophobic polysulfone/polydimethylsiloxane electrospun nanofibrous membranes[J]. Journal of Membrane Science,2017(542):308-319.

[136]SHAHABADI S M S. Superhydrophobic dual layer functionalized titanium dioxide/polyvinylidene fluoride-co-hexafluoropropylene (TiO$_2$/PH) nanofibrous membrane[J]. Journal of Membrane Science,2017(537):140-150.

[137]AN A K,GUO J X. PDMS/PVDF hybrid electrospun membrane with superhydrophobic property and drop impact dynamics for dyeing wastewater treatment[J]. Journal of Membrane Science,2017(525):57-67.

[138]REN X,KANEZASHI M. Plasma treatment of hydrophobic sub-layers to prepare uniformmulti-layered films[J]. Applied Surface Science,2015(349):415-419.

[139]SAID M M,YUNAS J. PDMS based electromagnetic actuator membrane with embedded magnetic particles[J]. Sensors and Actuators A,2016(245):85-96.

[140]GETHARD K,SAE-KHOW O. Carbon nanotube enhanced membrane distillation[J]. Separation and Purification Technology,2012(90):239-245.

[141]BHADRA M,ROY S,MITRA S. Nanodiamond immobilized membranes for enhanced desalination[J]. Desalination,2014(341):115-119.

[142]REN LF,XIA F. Experimental investigation of the effect of electrospinning parameters [J]. Desalination,2017(404):155-166.

[143]DONG Z Q,MA X H. Superhydrophobic PVDF-PTFE electrospun nanofibrous membranes for desalination[J]. Desalination,2014(347):175-183.

[144]LI K. Fabrication of PVDF nanofibrous hydrophobic composite membranes reinforced[J]. Journal of Environmental Sciences,2019(75):277-288.

[145]ATTIA H,JOHNSON D J. Comparison between dual-layer (superhydrophobic-hydrophobic)[J]. Desalination,2018(439):31-45.

[146]MURUGESAN V. Optimization of nanocomposite membrane[J]. Separation and Purification Technology,2020,241:116685.

[147]MARTÍNEZ L. Membrane thickness reduction effects on direct contact membrane distillation performance[J]. Journal of Membrane Science,2008(312):143-156.

[148]EYKENS L. Influence of membrane thickness and process conditions on direct contact

membrane[J]. Journal of Membrane Science,2016(498):353-364.

[149] ESSALHI M, KHAYET M. Self-sustained webs of polyvinylidene fluoride electrospun nanofibers at different electrospinning times[J]. Journal of Membrane Science, 2013 (433):167-179.

[150] WU H Y. Direct contact membrane distillation:An experimental and analytical investigation[J]. Journal of Membrane Science,2014(470):257-265.

[151] GRYTA M. Influence of polypropylene membrane surface porosity on the performance[J]. Journal of Membrane Science,2007(287):67-78.

[152] WOODS J, PELLEGRINO J. Generalized guidance for considering pore-size distribution [J]. Journal of Membrane Science,2011(368):124-133.

[153] PHATTARANAWIK J, JIRARATANANON R, FANE A G. Effect of pore size distribution and air flux on mass transport[J]. Journal of Membrane Science,2003(215):75-85.

[154] KUJAWSKI W, KUJAWA J. Influence of hydrophobization conditions and ceramic membranes pore size[J]. Journal of Membrane Science,2016(499):442-451.

[155] WANG K Y. Hydrophobic PVDF hollow fiber membranes with narrowpore size distribution [J]. Chemical Engineering Science,2008(63):2587-2594.

[156] EBRAHIMI A, KARIMI M. Characterization of triple electrospun layers of PVDF[J]. Journal of Polymer Research,2018(25):50-59.

[157] SHAULSKY E, NEJATI S. Post-fabrication modification of electrospun nanofiber mats [J]. Journal of Membrane Science,2017(530):158-165.

[158] LALIA B S. Fabrication and characterization of polyvinylidene fluoride-co-hexafluoropropylene (PVDF-HFP) electrospun membranes for direct contact membrane distillation [J]. Journal of Membrane Science,2013(428):104-115.

[159] YANG Y. The heat and mass transfer of vacuum membrane distillation[J]. Separation and Purification Technology,2016,164:56-62.

[160] LIU J, GUO H. Mass transfer in hollow fiber vacuum membrane distillation process[J]. Journal of Membrane Science,2017(532):115-123.

[161] DUMÉE L F. Morphology-properties relationship of gas plasma treated hydrophobic meso-porous[J]. Applied Surface Science,2016(363):273-285.

[162] REN L F, XIA F. TiO$_2$-FTCS modified superhydrophobic PVDF electrospun nanofibrous membrane for desalination[J]. Desalination,2017(423):1-11.

[163] ZHENG R, CHEN Y, WANG J. Preparation of omniphobic PVDF membrane with hierarchical structure[J]. Journal of Membrane Science,2018(555):197-205.

[164] LI Y. Preparation and characterization of novel poly (vinylidene fluoride)[J]. Journal of

the Taiwan Institute of Chemical Engineers,2017(80):867-874.

[165]KHARRAZ J A. Flux stabilization in membrane distillation desalination of seawater and brine[J]. Journal of Membrane Science,2015(495):404-414.

[166]ZHAO F. Hierarchically textured superhydrophobic polyvinylidene fluoride membrane fabricated[J]. Desalination,2018(443):228-236.

[167]YANG X. Novel designs for improving the performance of hollow fiber membrane distillation[J]. Journal of Membrane Science,2011(384):52-62.

[168]TEOH M M,Bonyadi S. Investigation of different hollow fiber module designs for flux enhancement[J]. Journal of Membrane Science,2008(311):371-379.

[169]LIU Y. Fabrication of novel Janus membrane by nonsolvent thermally induced phase separation (NTIPS)[J]. Journal of Membrane Science,2018(563):298-308.

[170]HAN M,DONG T. Carbon nanotube based Janus composite membrane of oil fouling resistance[J]. Journal of Membrane Science,2020(607):118078.

[171]LI M. Janus membranes with asymmetric wettability via a layer-by-layer coating strategy [J]. Journal of Membrane Science,2020(603):118031.

[172]SU M. Effect of inner-layer thermal conductivity on flux enhancement of dual-layer hollow fiber[J]. Journal of Membrane Science,2010(364):278-289.

[173]EDWIE F. Development of hollow fiber membranes for water and salt recovery[J]. Journal of Membrane Science,2012(421-422):111-123.

[174]赵珊珊,王鹏,张林欢,等. TiO₂溶胶杂化改性 PPESK 超滤膜的制备及性能[J]. 膜科学与技术,2013,33(4):47-52.

[175]赵珊珊,王鹏,郑彤,等. 添加剂对聚醚砜酮超滤膜结构和性能的影响[J]. 水处理技术,2013,39(4):28-32.

[176]GUAN S,ZHANG S. Effect of additives on the performance and morphology[J]. Applied Surface Science,2014(295):130-136.

[177]JIN Z. Hydrophobic modification of poly(phthalazinone ether sulfone ketone) hollow fiber membrane[J]. Journal of Membrane Science,2008(310):20-27.

[178]KHAYET M,GARCÍA-PAYO M C. Dual-layered electrospun nanofibrous membranes for membrane distillation[J]. Desalination,2018(426):174-184.

[179]WOO Y C,TIJING L D,PARK M J. Electrospun dual-layer nonwoven membrane for desalination[J]. Desalination,2017(403):187-198.

[180]RAY S S,CHEN S S,NGUYEN N C. Poly(vinyl alcohol) incorporated with surfactant based electrospun nanofibrous layer[J]. Desalination,2017(414):18-27.

[181]DUDCHENKO A V,HARDIKAR M,XIN R. Impact of module design on heat transfer

[J]. Journal of Membrane Science,2020(601):117898.

[182] ALI A. Optimization of module length for continuous direct contact membrane distillation [J]. Chemical Engineering and Processing,2016(110):188-200.

[183] RUIZ - AGUIRRE A. Experimental characterization and optimization of multi - channel [J]. Separation and Purification Technology,2018(205):212-222.

[184] KARANIKOLA V. Sweeping gas membrane distillation:Numerical simulation of mass and heat transfer[J]. Journal of Membrane Science,2015(483):15-24.

[185] DONG G. Open-source industrial-scale module simulation:Paving the way towards the right configuration choice[J]. Desalination,2019(464):48-62.

[186] SINGH D,LI L. Novel cylindrical cross-flow hollow fiber membrane module[J]. Journal of Membrane Science,2018(545):312-322.

[187] KI S J,KIM H J,KIM A S. Big data analysis of hollow fiber direct contact membrane distillation (HFDCMD)[J]. Desalination,2015(355):56-67.

[188] GHALENI M M. Model-guided design of high-performance membrane distillation modules[J]. Journal of Membrane Science,2018(563):794-803.

[189] LIU J,WANG Q. Simulation of heat and mass transfer withcross-flow hollow fiber[J]. Chemical Engineering Research and Design,2017(119):12-22.

[190] ELHENAWY Y. Experimental and theoretical investigation of a new air gap membrane distillation[J]. Journal of Membrane Science,2020(594):117461.

[191] CRISCUOLI A. Experimental investigation of the thermal performance of new flat[J]. International Communications in Heat and Mass Transfer,2019(103):83-89.

[192] HAGEDORN A. Membrane and spacer evaluation with respect to future module design in membrane distillation[J]. Desalination,2017(413):154-167.

[193] ALBEIRUTTY M,TURKMEN N. An experimental study for the characterization of fluid dynamics and heat transport[J]. Desalination,2018(430):136-146.

[194] HO C D,CHEN L,TSAI F C,et al. Distillate flux enhancement of the concentric circular direct contact membrane distillation[J]. Journal of the Taiwan Institute of Chemical Engineers,2019(94):70-80.

[195] YU H. Analysis of heat and mass transfer by CFD for performance enhancement[J]. Journal of Membrane Science,2012(405-406):38-47.

[196] WINTER D,KOSCHIKOWSKI J. Desalination using membrane distillation:Flux enhancement[J]. Journal of Membrane Science,2012(423-424):215-224.

[197] ARYAPRATAMA R,KOO H. Performance evaluation of hollow fiber air gap membrane distillation module[J]. Desalination,2016(385):58-68.

［198］WARSINGER D E M,SWAMINATHAN J. Superhydrophobic condenser surfaces for air gap membrane distillation［J］. Journal of Membrane Science,2015:(492):578-587.

［199］SINGH D,SIRKAR K. Desalination by air gap membrane distillation［J］. Journal of Membrane Science,2012(421-422):172-179.

［200］ZHANG K. Concentration of aqueous glycerol solution［J］. Separation and Purification Technology,2015(144):186-196.

［201］GENG H,WU H,LI P,et al. Study on a new air-gap membrane distillation module for desalination［J］. Desalination,2014(334):29-38.

［202］CHENG L,ZHAO Y,LI P,et al. Comparative study of air gap and permeate gap membrane distillation［J］. Desalination,2018(426):42-49.

［203］CIPOLLINA A. Development of a membrane distillation module for solar energy seawater［J］. Chemical Engineering Research and Design,2012(90):2101-2121.

［204］GAO L,ZHANG J. Experimental study of hollow fiber permeate gap membrane distillation［J］. Separation and Purification Technology,2017(188):11-23.

［205］ABU-ZEID M A E R. Improving the performance of the air gap membrane distillation process［J］. Desalination,2016(384):31-42.

［206］LIU Z,GAO Q. Experimental study of the optimal vacuum pressure in vacuum assisted air gap membrane distillation process［J］. Desalination,2017(414):63-72.

［207］ANDRÉS-MAÑAS J A. Performance increase of membrane distillation pilot scale modules operating［J］. Desalination,2020(475):114202.

［208］HOU D. An ultrasonic assisted direct contact membrane distillation hybrid process for desalination［J］. Journal of Membrane Science,2015(476):59-67.

［209］HOU D,ZHANG L,ZHAO C. Ultrasonic irradiation control of silica fouling during membrane distillation process［J］. Desalination,2016(386):48-57.

［210］CHEN G. Heat transfer intensification and scaling mitigation［J］. Journal of Membrane Science,2014(470):60-69.

［211］WU C,LI Z,ZHANG J,et al. Study on the heat and mass transfer in air-bubbling enhanced vacuum membrane distillation［J］. Desalination,2015(373):16-26.

［212］DING Z. The use of intermittent gas bubbling to control membrane fouling［J］. Journal of Membrane Science,2011(372):172-181.

［213］GRYTA M. The influence of magnetic water treatment on $CaCO_3$ scale formation［J］. Separation and Purification Technology,2011(80):293-299.

［214］HE F. Effects of antiscalants to mitigate membrane scaling by direct contact membrane distillation[J]. Journal of Membrane Science,2009(345):53-58.

[215]NTHUNYA L N. Fouling-resistant PVDF nanofibre membranes for the desalination[J]. Separation and Purification Technology,2019(228):115793.

[216]KRIVOROTA M. Factors affecting biofilm formation and biofouling in membrane distillation of seawater[J]. Journal of Membrane Science,2011(376):15-24.

[217]GOH S. Fouling and wetting in membrane distillation (MD) and MD-bioreactor (MDBR) for wastewater reclamation[J]. Desalination,2013(323):39-47.

[218]HOU D,DING C. A novel dual-layer composite membrane with underwater-superoleophobic/hydrophobic[J]. Desalination,2018(428):240-249.

[219]WANG K. Hydrophilic surface coating on hydrophobic PTFE membrane[J]. Applied Surface Science,2018(450):57-65.

[220]WANG Z,JIN J,HOU D,et al. Tailoring surface charge and wetting property[J]. Journal of Membrane Science,2016(516):113-122.

[221]WEN X. Effect of surfactants on the treatment of radioactive laundry wastewater by direct contact membrane distillation[J]. 2018(93):2252-2261.

[222]ZHANG P,KNÖTIG P,GRAY S,et al. Scale reduction and cleaning techniques during direct contactmembrane distillation[J]. Desalination,2015(374):20-30.

[223]GUO J,DEKA B J. Regeneration of superhydrophobic TiO_2 electrospun membranes in seawater desalination[J]. Desalination,2019(468):114054.

[224]WANG J,QU D. Effect of coagulation pretreatment on membrane distillation process[J]. Separation and Purification Technology,2008(64):108-115.

[225]CHOI Y,NAIDU G. Experimental comparison of submerged membrane distillation configurations[J]. Desalination,2017(420):54-62.

[226]CHEN T S,HO C D. Immediate assisted solar direct contact membrane distillation[J]. Journal of Membrane Science,2010(358):122-130.

[227]SARBATLY R,CHIAM C K. Evaluation of geothermal energy in desalination by vacuum membrane distillation. Applied Energy,2013(112):737-746.

[228]KHAN E U,MARTIN A R. Optimization of hybrid renewable energy polygeneration system with membrane distillation[J]. Energy,2015(93):1116-1127.

[229]AMAYA-VÍAS D,NEBOT E. Comparative studies of different membrane distillation configurations and membranes[J]. Desalination,2018(429):44-51.

[230]CHEN G,LU Y,KRANTZ W B,et al. Optimization of operating conditions[J]. Journal of Membrane Science,2014(450):1-11.

[231]CREUSEN R. Integrated membrane distillation-crystallization:Process design and cost es-

timations[J]. Desalination,2013(323):8-16.

[232]KO C C,ALI A,DRIOLI E. Performance of ceramic membrane in vacuum membrane distillation[J]. Desalination,2018(440):48-58.

[233]JI X,CURCIO E. Membrane distillation-crystallization of seawater reverse osmosis brines [J]. Separation and Purification Technology,2010(71):76-82.

[234]EDWIE F. Development of simultaneous membrane distillation-crystallization (SMDC) technology[J]. Chemical Engineering Science,2013(98):160-172.

[235]JULIAN H,MENG S. Effect of operation parameters on the mass transfer and fouling[J]. Journal of Membrane Science,2016(520):679-692.

[236]LU D,LI P,XIAO W,et al. Simultaneous Recovery and Crystallization[J]. AIChE Journal,2017,63(6):2187-2197.

[237]GUO H,ALI H M. Simulation study of flat-sheet air gap membrane distillation modules coupled[J]. Applied Thermal Engineering,2016(108):486-501.

[238]CHOI Y, NAIDUA G. Fractional-submerged membrane distillation crystallizer (F-SMDC)[J]. Desalination,2018(440):59-67.

[239]MENG D,HSU Y C,YE Y,et al. Submerged membrane distillation for inland desalination applications[J]. Desalination,2015(361):72-80.

[240]MOZIA S,MORAWSKI A W,TOYODA M,et al. Integration of photocatalysis and membrane distillation[J]. Desalination,2010(250):666-672.

[241]RUIZ-AGUIRRE A. Integration of Membrane Distillation with solar photo-Fenton[J]. Spores. Science of the Total Environment,2017(595):110-118.

[242]QU D. Degradation of Reactive Black 5 in a submerged photocatalytic membrane[J]. Separation and Purification Technology,2014(122):54-59.

[243]WANG J. A novel microwave assisted photo-catalytic membrane distillation process[J]. Journal of Water Process Engineering,2016(9):1-8.

[244]ZHANG Y. A hybrid process combining homogeneous catalytic ozonation and membrane distillation[J]. Chemosphere,2016(160):134-140.

[245]HOU R,GAO Y. Coupling system of Ag/BiOBr photocatalysis and direct contact membrane distillation[J]. Chemical Engineering Journal,2017(317):386-393.

[246]HASANOLU A. Effect of the operating variables on the extraction and recovery of aroma compounds[J]. Journal of Food Engineering,2012(111):632-641.

[247]SALMÓN I R. Mass and heat transfer study in osmotic membrane distillation crystallization[J]. Separation and Purification Technology,2017(176):173-183.

[248]GRYTA M. The long-term studies of osmotic membrane distillation[J]. Chemical Papers,

2018(72):99-107.

[249] BAHÇECI K S. Osmotic and membrane distillation for the concentration of tomato juice [J]. Innovative Food Science & Emerging Technologies,2015(31):131-138.

[250] ZHANG Y,LI M,WANG Y. Simultaneous concentration and detoxification of lignocellulosic hydrolyzates[J]. Bioresource Technology,2015(197):276-283.

[251] KESIEME U K. Application of membrane distillation and solvent extraction[J]. Journal of Environmental Chemical Engineering,2015(3):2050-2056.

[252] ALSHEHRI A,LAI Z. Attainability and minimum energy of single-stage membrane[J]. Journal of Membrane Science,2014(472):272-280.

[253] NGUYEN N C,NGUYEN H T. Exploring high charge of phosphate as new draw solute [J]. Science of the Total Environment,2016(557-558):44-50.

[254] NGUYEN N C,CHEN S S,JAIN S,et al. Exploration of an innovative draw solution[J]. Environmental Science and Pollution,2018(25):5203-5211.

[255] ZHAO D,WANG P. Thermoresponsive copolymer-based draw solution for seawater desalination in a combined process[J]. Desalination,2014(348):26-32.

[256] WANG K Y. Integrated forward osmosis-membrane distillation (FO-MD) hybrid system [J]. Chemical Engineering Science,2011(66):2421-2430.

[257] ZHANG S,WANG P. Sustainable water recovery from oily wastewater via forward osmosis-membrane distillation (FO-MD)[J]. Water Research,2014(52):112-121.

[258] WANG P,CUI Y. Evaluation of hydroacid complex in the forward osmosis-membrane distillation[J]. Journal of Membrane Science,2015(494):1-7.

[259] ZHOU Y. Combination and performance of forward osmosis and membrane distillation (FO-MD)[J]. Desalination,2017(420):99-105.

[260] PHATTARANAWIK J,FANE A G,PASQUIER A C S,et al. A novel membrane bioreactor based on membrane distillation[J]. Desalination,2008(223):386-395.

[261] WIJEKOON K C,HAI F I,KANG J. A novel membrane distillation-thermophilic bioreactor system[J]. Bioresource Technology,2014(159):334-341.

[262] MORROW C P. Integrating an aerobic/anoxic osmotic membrane bioreactor with membrane distillation for potable reuse[J]. Desalination,2018(432):46-54.

[263] QU D. Integration of accelerated precipitation softening with membrane distillation[J]. Separation and Purification Technology,2009(67):21-25.

[264] RUIZ-AGUIRRE A. Modeling and optimization of a commercial permeate gap spiral wound membrane distillation[J]. Desalination,2017(419):160-168.

[265] CURCIO E. Membrane distillation operated at high seawater concentration factors[J].

Journal of Membrane Science,2010(346):263-269.

[266]ROOBAVANNAN S,VIGNESWARAN S,NAIDU G. Enhancing the performance of membrane distillation and ion-exchange manganese oxide for recovery of water and lithium from seawater [J]. Chemical Engineering Journal,2020(396):125386.

[267]SHIM W G,HEA K. Solar energy assisted direct contact membrane distillation (DCMD) process[J]. Separation and Purification Technology,2015(143):94-104.

[268]LEE J G,KIM Y D,KIM W S. Performance modeling of direct contact membrane distillation (DCMD)[J]. Journal of Membrane Science,2015(478):85-95.

[269]ANDRÉS-MAÑAS J A. Assessment of a pilot system for seawater desalination based[J]. Desalination,2018(443):110-121.

[270]DUONG H C,COOPER P,NELEMANS B,et al. Evaluating energy consumption of air gap membrane distillation for seawater desalination at pilot scale level [J]. Separation and Purification Technology,2016(166):55-62.

[271]HOU D,DAI G,WANG J. Boron removal and desalination from seawater by PVDF flat-sheet membrane[J]. Desalination,2013(326):115-124.

[272]BOUBAKRI A,BOUGUECHA S A T. Effect of operating parameters on boron removal from seawater[J]. Desalination,2015(373):86-93.

[273]QU D,WANG J. Study on concentrating primary reverse osmosis retentate by direct contact membrane distillation[J]. Desalination,2009(247):540-550.

[274]SUN A C. Vacuum membrane distillation for desalination of water using hollow fiber membranes[J]. Journal of Membrane Science,2014(455):131-142.

[275]CHENG D,GONG W. Response surfacemodeling and optimization of direct contactmembrane distillation[J]. Desalination,2016(394):108-122.

[276]HOU D. Fluoride removal from brackish groundwater by direct contact membrane[J]. Journal of Environmental Sciences 2010(22):1860-1867.

[277]LI J. Treatment of high salinity brines by direct contact membrane distillation[J]. Chemosphere,2015(140):143-149.

[278]ALKHUDHIRI A,DARWISH N,HILAL N. Treatment of high salinity solutions:Application of air gap membrane distillation[J]. Desalination,2012(287):55-60.

[279]HICKENBOTTOM K L. Sustainable operation of membrane distillation for enhancement [J]. Journal of Membrane Science,2014(454):426-435.

[280]LIN P J. Prevention of surfactant wetting with agarose hydrogel layer for direct contact membrane[J]. Journal of Membrane Science,2015(475):511-520.

[281]AN A K,GUO J. High flux and antifouling properties of negatively charged membrane

[J]. Water Research, 2016(103):362-371.

[282] HOU R. Coupling system of Ag/BiOBr photocatalysis and direct contact membrane distillation[J]. Chemical Engineering Journal, 2017(317):386-393.

[283] LI F. Direct contact membrane distillation for the treatment of industrial dyeing wastewater [J]. Separation and Purification Technology, 2018(195):83-91.

[284] ASADI R Z, SUJA F, TARKIAN F. Solar desalination of Gas Refinery wastewater using membrane distillation process[J]. Desalination, 2012(291):56-64.

[285] ZHANG X. Exploration and optimization of two-stage vacuum membrane distillation process [J]. Desalination, 2016(385):117-125.

[286] CHO H. Effect of pretreatment and operating conditions on the performance of membrane distillation[J]. Desalination, 2018(437):195-209.

[287] DUYEN P M. Feasibility of sweeping gas membrane distillation on concentrating triethylene glycol[J]. Chemical Engineering and Processing, 2016(110):225-234.

[288] ALI A. Evaluation of integrated microfiltration and membrane distillation/ crystallization processes[J]. Desalination, 2018(434):161-168.

[289] CHEW N G P, ZHAO S, LOH C H. Surfactant effects on water recovery from produced water[J]. Journal of Membrane Science, 2017(528):126-134.

[290] JIA F, LI J, WANG J. Recovery of boric acid from the simulated radioactive wastewater [J]. Annals of Nuclear Energy, 2017(110):1148-1155.

[291] WEN X, LI F. Removal of nuclides and boron from highly saline radioactive wastewater [J]. Desalination, 2016(394):101-107.

[292] CHEN Y, TIAN M. Anti-wetting behavior of negatively charged superhydrophobic PVDF membranes[J]. Journal of Membrane Science, 2017(535):230-238.

[293] BOO C. Omniphobic polyvinylidene fluoride (PVDF) membrane for desalination of shale gas[J]. Environmental Science &Technology, 2016(50):12275-12282.

[294] HOU D. Composite membrane with electrospun multiscale-textured surface[J]. Journal of Membrane Science, 2018(546):179-187.

[295] REZAEI M, WARSINGER D M. Wetting prevention in membrane distillation through superhydrophobicity[J]. Journal of Membrane Science, 2017(530):42-52.

[296] DIBAN N. Vacuum membrane distillation of the main pear aroma compound: Experimental study[J]. Journal of Membrane Science, 2009(326):64-75.

[297] QUIST-JENSEN C A. Direct contact membrane distillation for the concentration of clarified orange juice[J]. Journal of Food Engineering, 2016(187):37-43.

[298] PAN L, ZHOU J. Threshold Flux for Vacuum Membrane Distillation[J]. Chemical Engi-

neering and Technology,2018,41(5):948-955.

[299]FENG X,JIANG L Y,SONG Y. Titanium white sulfuric acid concentration by direct contact membrane distillation [J]. Chemical Engineering Journal, 2016 (285): 101-111.

[300]WANG Z. Application of vacuum membrane distillation to lithium bromide absorption[J]. International Journal of Refrigeration 2009(32):1587-1596.

[301]ZHAO C,YAN Y. Preparation of high concentration polyaluminum chloride[J]. Journal of Environmental Sciences,2012,24(5):834-839.